SAT MATH LEVEL 2

5 Full Practice Test

for Mathematics Level 2 Subject Test

2017 edition

In Remembrance of

King Bhumibol Adulyadej

About Author:

Ankur Sharma is an experienced professor who had been teaching math and physics for more than fifteen years at AIMS located in Thailand. He earned a B.Engineering a M.SC in TechnologyManagement from Assumption College with full scholarship. Most of the students who studied SAT Physics and Math had pass the exam easily with a score of 650 above

His goal for writing this book was to help students and examinee to use the time efficiently thru the right material with a proper method.

Updated: June 2017

©Copyright 2017 by iGen

All rights reserved

No part of this may be reproduced or distributed without the written permission of the copy

right owner.

Feel free to ask any question on facebook page: facebook.com/IGEN4U

ISBN-13: 978-1545577721

ISBN-10: 1545577722

BISAC: Education / Adult & Continuing Education

Contents :

Introduction 4

    Topics on exam 4

    What's inside the test 5

    Tips and Tricks 6

    How to use this book 7

Practice Test 1 9

Answer key 1 18

Practice Test 2 28

Answer key 2 38

Practice Test 3 49

Answer key 3 58

Practice Test 4 69

Answer key 4 78

Practice Test 5 88

Answer key 5 97

Formulas 108

Topics on exam

Numbers and Operations (about 10% to 14%)

- Operation, ratio and proportion
- Complex numbers, counting and elementary number theory
- Matrices, sequences, series and vectors

Algebra and Functions (about 48% to 52%)

- **Expressions, equations, inequalities, representation and modeling, properties of functions** (Linear, polynomial, rational, exponential, logarithmic, trigonometric, inverse trigonometric, periodic, piecewise, recursive, parametric)

Geometry and measurement (about 48% to 52%)

- **Coordinates** (Lines, parabolas, circles, ellipses, hyperbolas, symmetry, transformations, polar coordinates)
- **Three-dimensional** (Solids, surface area and volume, coordinates in three dimensions)

Data analysis, statistics and probability (about 8% to 12%)

- **Mean, median, mode, range interquartile range, standard deviation, probability, graphs and plots, least squares regression** (linear, quadratic, exponential)

credit:

https://collegereadiness.collegeboard.org/sat-subject-tests/subjects/mathematics/mathematics-2

What's inside SAT Mathematic Level 2 subject test ?

SAT Mathematics Level 2 subject test requires you to have more than three years of college preparatory mathematics, which includes two years of algebra one year of geometry, and precalculus.

You will be tested upon fundamental concepts and knowledge, single-concept problem, and mixed concept problem.

Remember that all the formulas require you to convert everything to SI-base units before using them to obtain a correct result.

How to calculate the score ?

Raw score = number of correct answers - (0.25 x number of wrong answers)

The raw score is then converted using a curved calculation for overall score into range of 200 to 800.

Difficulty level of each TEST are stated below using star

Easy :	☆☆☆
Moderate:	☆☆☆☆
Advance :	☆☆☆☆☆

Tips and Tricks :

About the test:

i. Calculator is allowed (Not all model are allowed)

ii. There are 50 questions multiple choice

iii. 60 minutes is the time limit

iv. 1 correct gives 1 point

v. 1 wrong gets minus 1/4 point

vi. A blank gives 0 point

vii. Total full score is 800

Guide-line in taking the test:

i. Time yourself

ii. Do easy question first

iii. Each question is awarded same mark

iv. Pace yourself after 5-6 questions

v. Round the numbers for easy calculation

vi. Double check your work for units

vii. Write the formula out

viii. Draw out the diagram for visualization

ix. Eliminate choices

x. Be confident in yourself

How to use this book ?

Guide-line in using this book :

1. *Time is key number one*

This book has a timer that help you pace yourself by looking at the <u>top-right corner</u> you will notice a sand watch. There is also difficulty level rating in this book.

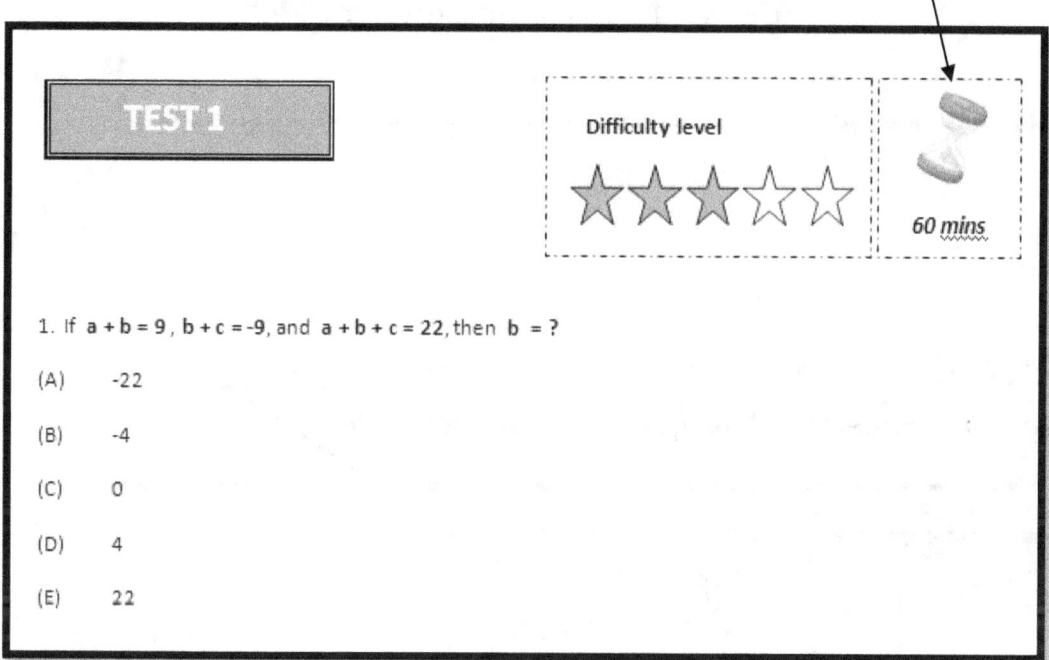

2. *Draw the diagram and list the formula out*

The key here is to <u>list what we know</u> to see how to solve the problem then list the formula out

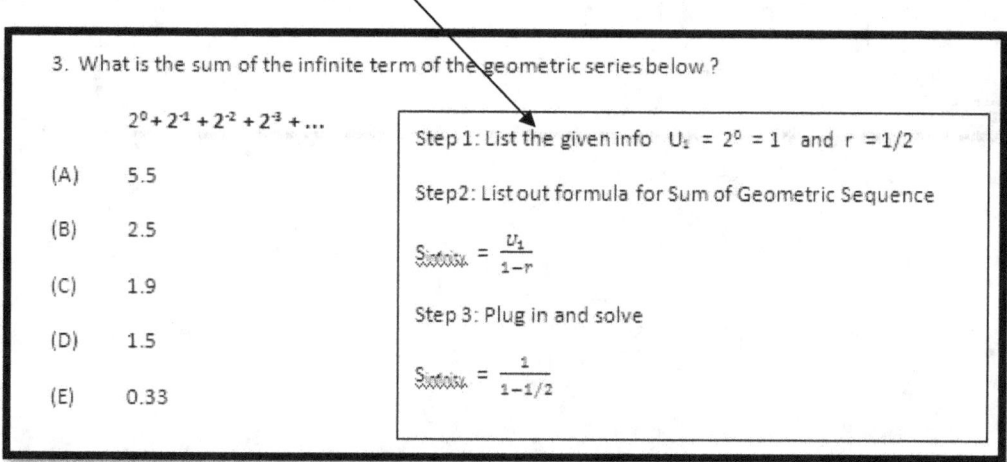

SAT MATH LEVEL 2 Practice-Test

3. *Rounding numbers in calculation makes life easy*

Round the numbers for easy calculation using some tricks below

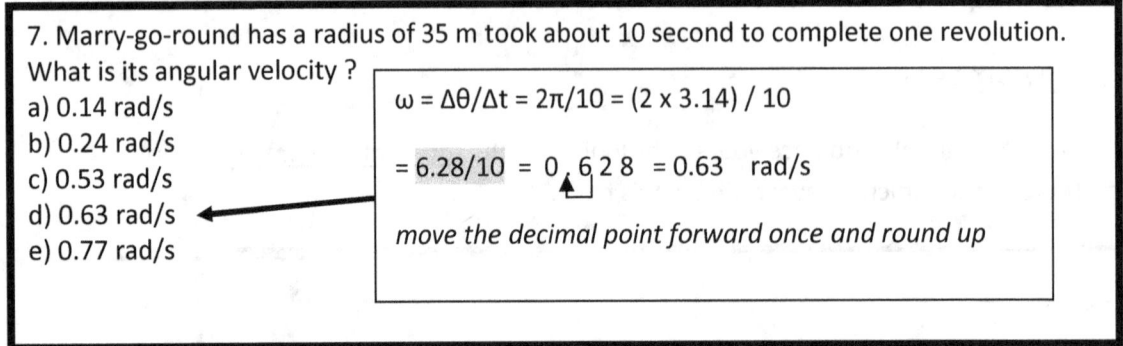

4. *At the end of the test there is a solution key with a <u>detailed explanation</u> and <u>method used</u>, try to understand the question you got wrong.*

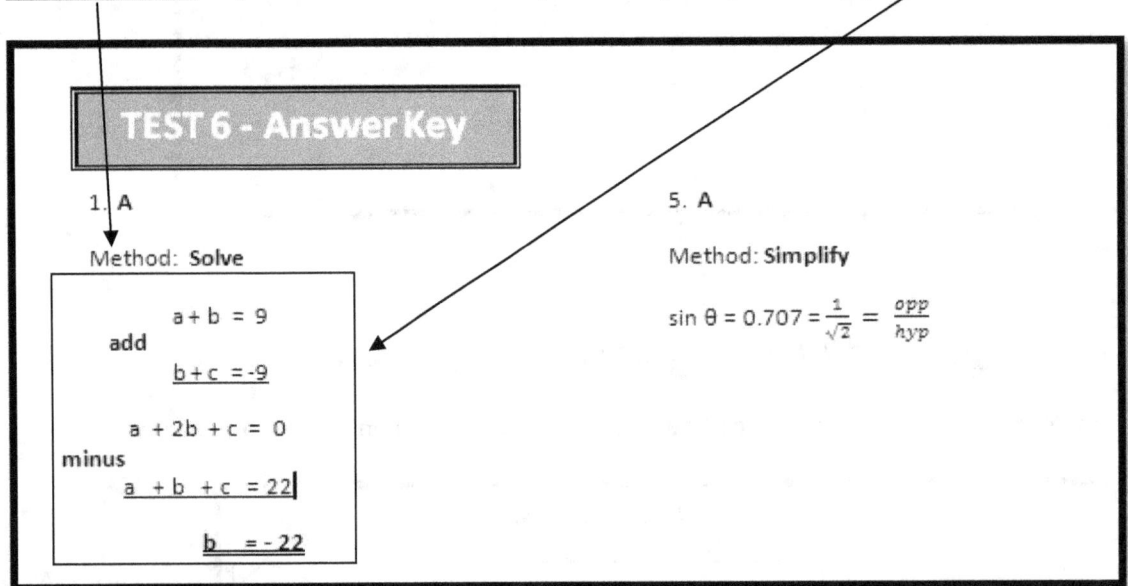

TEST 1

Difficulty level: ★ ★ ★   **Time:** 60mins

1. If $a + b = 9$, $b + c = -9$, and $a + b + c = 22$, then $b = ?$

    (A) -22

    (B) -4

    (C) 0

    (D) 4

    (E) 22

2. What is the slope of line that passes thru point (-1, -5) and (2, 5) ?

    (A) -0.33

    (B) -1.33

    (C) 0

    (D) 2.33

    (E) 3.33

3. What is the sum of the infinite term of the geometric series below ?

    $3^0 + 3^{-1} + 3^{-2} + 3^{-3} + \ldots$

    (A) 5.5

    (B) 2.5

    (C) 1.9

    (D) 1.5

    (E) 0.33

4. What is the value of z^3 if $z = \sqrt[3]{20^2 - 10^2}$?

    (A) $\sqrt{10}$

    (B) 10

    (C) 200

    (D) 300

    (E) 1000

5. If $\sin \theta = 0.707$, then $\sec \theta =$

    (A) $\sqrt{2}$

    (B) $\sqrt{\frac{3}{2}}$

    (C) $\frac{1}{\sqrt{2}}$

    (D) 0.5

    (E) 2

6. Which of the following is the equation of the circle whose radius is 5 and has the center at (-3, 2) ?

    (A) $(x^2 - 3) + (y^2 + 2) = 5^2$

    (B) $(x + 3)^2 + (y - 2)^2 = 5^2$

    (C) $(x - 3)^2 + (y + 2)^2 = 5^2$

    (D) $(x + 3)^2 + (y - 2)^2 = 25^2$

    (E) $(x^2 - 3) - (y^2 + 2) = 25$

SAT MATH LEVEL 2 Practice-Test

TEST 1

Time: 52mins

7. If $f(x) = 3^{x+3}$ and $g(x) = \ln(x) - 3$, then $f(g(1)) = ?$

(A) $\frac{1}{3}$

(B) 0

(C) 1

(D) 3

(E) 3.3333

8. A circle has a center at the vertex of the graph of f(x) and one end point at x-intercept of the graph of f(x). If $f(x) = -x^2 + 16$ then what is the area of the this circle?

(A) 16π

(B) 96π

(C) 256π

(D) 272π

(E) 308π

9. Which of the following graph is equidistant from the X-axis and Y-axis?

(A) x = 1

(B) y = 1

(C) x = 0

(D) y = 0

(E) $x \cdot y^{-1} = 1$

10. The isosceles triangle below has a height of 12 meter

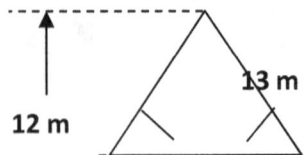

What is the area of the triangle?

(A) 30

(B) 45

(C) 60

(D) 75

(E) 80

11. If $\log_a 9 = b$ and $\log_a 2 = d$, then $\log_a 36 =$

(A) $b + 2d$

(B) $b^2 + d$

(C) $b^2 + 2d^2$

(D) $b^2 d$

(E) bd^2

SAT MATH LEVEL 2 Practice-Test

TEST 1

Time: 46mins

12. If the radius of a hemisphere is increased by 10%, by what percent could the volume increased ?

(A) 5.33 %

(B) 10%

(C) 20%

(D) 30 %

(E) 33.1%

13. When IBM produces a computer the cost of production is $250 on each unit.

It sells each unit for $ 480. What is the profit made by IBM for selling 20 units of computer ?

(A) 3600

(B) 4600

(C) 5000

(D) 7000

(E) 9600

14. If $|x - 3| = (x - 1)^2$, then x =

(A) -1

(B) 0 and -1

(C) 2

(D) 2 and -1

(E) 0 and 2

15. How many ways can 5 students arrange themselves in a straight line if the class president must be at in front ?

(A) 9

(B) 16

(C) 24

(D) 96

(E) 120

16. What is the period of the graph
    $y = 2\tan(6\pi x - 1)$?

(A) $\frac{\pi}{6}$

(B) $\frac{1}{6}$

(C) 6

(D) π

(E) 6π

17. Given that $y = \frac{e^x}{x-2}$ What is the value of y when x approaches to 2 ?

(A) 0

(B) 2

(C) e

(D) e^2

(E) Does not exist

11 | Page

SAT MATH LEVEL 2 Practice-Test

TEST 1

Time: 39mins

18. If $f(x) = \sqrt{x^2 + 3x^3}$, what is the value of $f^{-1}(2) = ?$

    (A) 0.35
    (B) 1.00
    (C) 2.30
    (D) 4.89
    (E) 5.29

19. What is the length of major axis of the ellipse with equation $2x^2 + 3y^2 - 72 = 0$?

    (A) 6
    (B) 12
    (C) 24
    (D) 36
    (E) 72

20. Matrix A has a dimension of 3 by 2, matrix B has a dimension of 2 by 4 and matrix C has a dimension of 1 by 2. Which of the following product of matrices is possible?

    (A) ACB
    (B) CAB
    (C) CBA
    (D) AC
    (E) CB

21. What is the value of the coefficient of x^{-1} in the expansion of $(3x^{-1} + x)^5$?

    (A) 1
    (B) 3
    (C) 90
    (D) 270
    (E) 405

22. What is the volume of a sphere with the equation $(x-4)^2 + (y+3)^2 + (z-5)^2 = 36$?

    (A) 25.12
    (B) 98.78
    (C) 144.14
    (D) 346.48
    (E) 904.32

23. In a triangle PQR, PQ = 12 QR = 13 and PR = 16. What is the value of the angle RQP?

    (A) 39.7
    (B) 45.8
    (C) 79.5
    (D) 86.7
    (E) 112.5

SAT MATH LEVEL 2 Practice-Test

TEST 1

Time: 32mins

24. Which of the following shows the range of the trig function $y = -3 + 10 \cdot \sin(x - 5\pi)$?

   (A) $-7 \leq y \leq 13$

   (B) $-7 \leq y \leq 10$

   (C) $-7 \leq y \leq 7$

   (D) $-13 \leq y \leq 10$

   (E) $-13 \leq y \leq 7$

25. Alex is buying a PS6 during a Christmas sales, which is originally cost $ 990.

   He is getting a discount of 10% plus another 10% on top if he purchases it online.

   How much is he paying ?

   (A) 801.9

   (B) 792.0

   (C) 692.9

   (D) 198.9

   (E) 112.5

26. Which of the following is the inverse of function $f(x) = 9^{x-3}$?

   (A) $f^{-1}(x) = \log_9 (x) + 3$

   (B) $f^{-1}(x) = \log_{x+3} (9)$

   (C) $f^{-1}(x) = \log_{x-3} (9)$

   (D) $f^{-1}(x) = \log_{x+3} (9x)$

   (E) $f^{-1}(x) = \log_9 (x) - 3$

27. Which of the following is the remainder when $x^3 - 2x^2 + 4x - 12$ is divided by $x - 4$

   (A) -124

   (B) -19

   (C) 0

   (D) 36

   (E) 112

28. In an arithmetic sequence the fifth term is 50 and the ninth term is 38,

   what is the second term of the sequence ?

   (A) 66

   (B) 62

   (C) 60

   (D) 59

   (E) 57

29. What is the probability of rolling two dice and obtaining the sum as a square number ?

   (A) 1/6

   (B) 1/3

   (C) 1/2

   (D) 7/36

   (E) 11/36

SAT MATH LEVEL 2 Practice-Test

TEST 1

Time: 26mins

30. If $f(6x+1) = 12x - 9$, then $f(x) = ?$

(A) $2x - 11$

(B) $x + 11$

(C) $\frac{(x-1)}{6}$

(D) $6x - 1$

(E) $3x + 9$

31. What is the tenth term of the sequence 0,1,1,2,3,5, ….

(A) 19

(B) 20

(C) 21

(D) 27

(E) 34

32. Evaluate $i^{45} + i^{46} - i^{47} - i^{48} =$

(A) $2i$

(B) $i - 2$

(C) $i + 2$

(D) $2i - 2$

(E) $2i + 2$

33. If $\sin \theta = -\frac{4}{5}$, then $\cos 2\theta =$

(A) $-\frac{9}{25}$

(B) $-\frac{7}{25}$

(C) $-\frac{25}{32}$

(D) $\frac{9}{25}$

(E) $\frac{7}{25}$

34. The graph $y = x^2 - 7$ has a tangent at $x = 0$, what is the equation of this tangent line?

(A) $y = 2x$

(B) $y = 7x$

(C) $y = -7$

(D) $y = 7$

(E) $x = -7y$

35. If a regular hexagon of side 8 cm has a circle inscribe inside, what is the area of this circle?

(A) 128π

(B) 64π

(C) 56π

(D) 48π

(E) 32π

TEST 1

Time: 20mins

36. If **3** and **i** are the zeros of the polynomial then the function is

(A) $x^2 + 3$

(B) $x^2 - 3$

(C) $x^3 + 27$

(D) $x^3 - 3x^2 + x + 3$

(E) $x^3 - 3x^2 + x - 3$

37. If $f(x) = \dfrac{x+11}{x^2-121}$, then its asymptote(s) is at

(A) x = 11

(B) x = 11 and y = 0

(C) x = -11

(D) x = -11 and y = 0

(E) x = -11, x = 11 and y = 0

38. $\left(-\dfrac{27}{125}\right)^{1/3} =$

(A) - 0.6

(B) - 1.67

(C) 0.6

(D) 1.67

(E) no real value

39. If **p + 2q < p - 3q** then

(A) p > 5

(B) q < 5

(C) pq < 1

(D) q < 0

(E) q > 0

40. The angle between line **3y = 4x + 12** and x-axis is equal to

(A) 26.5

(B) 36.9

(C) 53.1

(D) 62.7

(E) 76.2

41. The probability of Chicago Bears wining in NBA game against New York Bees is **p** and the probability that it loses is **q**. What is the probability that the Bears win two out of three games they play ?

(A) 2p + q

(B) 3pq

(C) p^2q

(D) $2pq^2$

(E) $3p^2q$

15 | P a g e

SAT MATH LEVEL 2 Practice-Test

TEST 1

Time: 12mins

42. Given that

$$f(x) = \begin{cases} 2x + 2 & -1 \leq x < 0 \\ x^2 + 2 & 0 \leq x < 6 \\ 6 & x \geq 6 \end{cases}$$

What is the range of f(x)?

(A) $-1 \leq f(x) \leq 38$

(B) $0 \leq f(x) < 38$

(C) $-1 < f(x) < 6$

(D) $-6 \geq f(x) \geq 6$

(E) $0 > f(x) \geq 6$

43. If θ = a + b, then $3\sin^2\theta + 3\cos^2\theta =$

(A) 3 sin(a+b) + 3 cos(a+b)

(B) 3 sin(a+b) - 3 cos(a+b)

(C) 3 sin(a+b)·cos(a+b)

(D) 3

(E) 0

44. Point **A** is the midpoint of face WXYZ and Point **B** is the midpoint of line GW. What is the length AB?

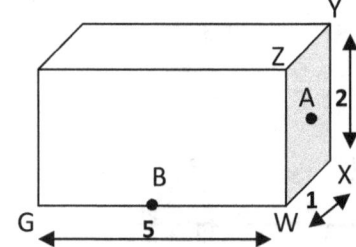

(A) 3.22

(B) 2.74

(C) 2.55

(D) 2.36

(E) 2.29

45. If $(\sqrt{5} + 1)(X) = 4$, then X = ?

(A) $\sqrt{4} + 1$

(B) $\sqrt{5} - 1$

(C) $\sqrt{4} - 1$

(D) $2\sqrt{5} - 1$

(E) $\sqrt{4} + 4$

46. The graph of $x^2 + y^2 = 4$ and $y = x^2 - 4$ intersect each other how many times?

(A) 0

(B) 1

(C) 2

(D) 3

(E) 4

TEST 1

Time: 6mins

47. Which of the following is the domain of $y = \sqrt{2x^2 - 5}$?

(A)   x ≥ 2.5

(B)   -2.5 ≤ x ≤ 2.5

(C)   x ≥ 1.58

(D)   1.58 ≤ x ≤ -1.58

(E)   All real number

48. If $\frac{(n-1)!}{(n-2)!} = 60$, then n =

(A)   61

(B)   58

(C)   49

(D)   37

(E)   29

49. If $f(x) = x^3 - 2x^2 + kx + 6$ is divisible by $x^2 - 4x + 3$ then k = ?

(A)   -6

(B)   -5

(C)   3

(D)   4

(E)   6

50. The value $\sin(\frac{\pi}{2} - \theta)$ =

(A)   cosθ + sinθ

(B)   cosθ - sinθ

(C)   2 cosθsinθ

(D)   - sinθ

(E)   cosθ

END OF TEST 1

SAT MATH LEVEL 2 Practice-Test

TEST 1 - Answer Key

1. **A**

   Method: **Solve**

   $a + b = 9$
   add
   $b + c = -9$

   $a + 2b + c = 0$
   minus
   $a + b + c = 22$

   $\underline{\mathbf{b = -22}}$

2. **E**

   Method: **Plug into the formula**

   slope = $\frac{y_2 - y_1}{x_2 - x_1}$ = $\frac{-5 - 5}{-1 - 2}$ = $\frac{-10}{-3}$

   Slope = 10/3 = **3.33**

3. **D**

   Method: **Plug into the formula**

   Sum to infinity = $\frac{a_1}{1 - r}$ = $\frac{1}{1 - 1/3}$

   Sum to infinity = 3/2 = **1.5**

4. **D**

   Method: **Solve**

   $z = \sqrt[3]{20^2 - 10^2}$ ← cube both side

   $z^3 = 400 - 100$

5. **A**

   Method: **Simplify**

   $\sin \theta = 0.707 = \frac{1}{\sqrt{2}} = \frac{opp}{hyp}$

   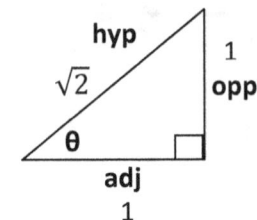

   $\sec \theta = \frac{hyp}{adj} = \frac{\sqrt{2}}{1} = \sqrt{2}$

6. **B**

   Method: **Plug into the formula**

   $(x - h)^2 + (y - k)^2 = r^2$
   $\downarrow \qquad \downarrow \qquad \downarrow$
   $(x + 3)^2 + (y - 2)^2 = 5^2$

7. **C**

   Method: **Evaluate**

   $g(1) = \ln(1) - 3 = -3$

   $f(g(1)) = f(-3)$

   $f(-3) = 3^{-3+3} = 3^0 = \mathbf{1}$

8. **D**

Method: **Graph and Solve**

Draw the graph of $y = -x^2 + 16$

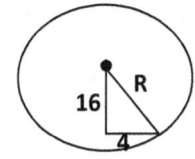

Graph has **y-intercept** at **16**

Graph has **x-intercept** at **4**

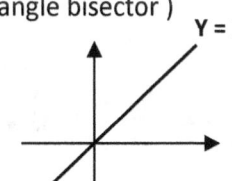

Apply Pythagoras

$R^2 = 4^2 + 16^2$

$R^2 = 272$

Area $= \pi R^2 = \underline{\mathbf{272\,\pi}}$

9. **E**

Method: **Graph**

Equidistant from **x-axis** and **y-axis** would have the cut between the two axis from the middle (or angle bisector)

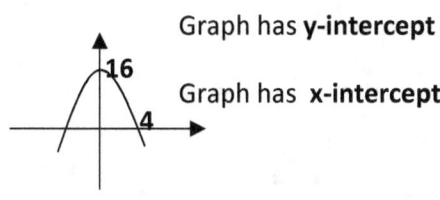

$Y = X$

$x \cdot y^{-1} = 1$

$x = y$

$y = x$

10. **C**

Method: **Simplify the drawing**

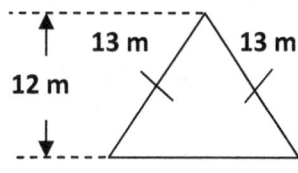

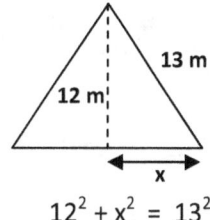

$12^2 + x^2 = 13^2$

$x = 5$ ← double this = base

Area $= \dfrac{1}{2} \cdot$ base $\cdot$ height $= 0.5 \cdot 10 \cdot 12 = \underline{\mathbf{60}}$

11. **A**

Method: **Solve by expanding**

$\log_a 36 = \log_a(9 \times 4) = \log_a(9 \times 2^2)$

$= \log_a 9 + \log_a 2^2 = \log_a 9 + 2\log_a 2$

$\qquad\qquad\qquad\quad\; = \quad\; b \;+\; 2d$

12. **E**

Method: **Evaluate**

Volume of hemi-sphere = $2/3 \pi R^3$

	Radius (R)	Volume (V)
Before	1	$2/3 \pi$
After	1.1	$2/3 \pi (1.331)$

% change = $\dfrac{V_{After} - V_{Before}}{V_{before}}$ x 100%

%change = $\dfrac{2/3 \pi (1.331) - 2/3 \pi}{2/3 \pi}$ x 100%

%change = **33.1 %**

13. **B**

Method: **Evaluate**

Profit = Revenue - Cost

Profit = 480(20) - 250(20)

Profit = **4600**

14. **D**

Method: **Graph**

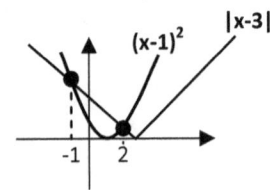

Intersect at **x = -1 and x = 2**

15. **C**

Method: **Plug into the formula**

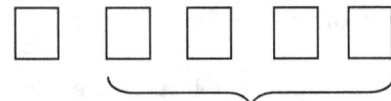

President   The rest of the class

   1   x $_4P_4$

= **24**

16. **B**

Method: **Plug into the formula**

2 tan (**6π x + 1**)

Period = $\dfrac{\pi}{6\pi}$ = $\dfrac{1}{6}$

17. **E**

Method: **Evaluate**

$\displaystyle\lim_{x\to 2} \dfrac{e^x}{x-2} = \dfrac{e^2}{2-2} = \dfrac{e^2}{0}$ = DNE

Limit does not exist

18. **B**

Method: **Plug-in choices**

$$f(x) = \sqrt{x^2 + 3x^3}$$

$$y = \sqrt{x^2 + 3x^3}$$

$f^{-1}(2) = ?$ ← means when y = 2, x = ??

$$y = \sqrt{x^2 + 3x^3}$$

when x = 0.35 → y = 0.5

when x = 1.00 → y = 2

Therefore $f^{-1}(2) = \underline{\underline{1}}$

19. **B**

Method: **Plug into the formula**

Rearrange the equation

$$2x^2 + 3y^2 = 72$$

divide every number by 72

$$\frac{x^2}{36} + \frac{y^2}{24} = 1$$

major at x-axis

Length of major = $2 \times \sqrt{36}$ = $\underline{\underline{12}}$

20. **E**

Method: **Evaluate**

We know that for a matrix to multiply the column of the first matrix must equal to the row of the second matrix. The only possibility here is at **CB**.

21. **D**

Method: **Simplify by expanding**

coefficient of x^{-1} → $(3x^{-1} + x)^5$

$(3x^{-1} + x)^5$

$= \binom{5}{0}(3x^{-1})^5 + \binom{5}{1}(3x^{-1})^4(x) + \binom{5}{2}(3x^{-1})^3(x)^2 + ..$

$= .... + 10 \cdot (3^3 x^{-3})(x^2) + ...$

$= .... + 270 \, x^{-1} + ...$

the coefficient of x^{-1} is 270

22. **E**

Method: **Plug into the formula**

equation of sphere $(x - i)^2 + (y - j)^2 + (z - k)^2 = r^2$

$(x - 4)^2 + (y + 3)^2 + (z - 5)^2 = \boxed{36}$

radius = $\sqrt{36}$ = 6

Volume of sphere = $4/3 \, \pi \, r^3$ = $4/3 \, \pi \cdot 6^3$

Volume of sphere = **904.32**

23. **C**

Method: **Plug into the formula**

USE cosine rule

$$\cos \theta = \frac{c^2 - a^2 - b^2}{-2ab}$$

θ = 79.5°

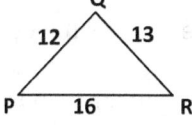

21 | P a g e

SAT MATH LEVEL 2 Practice-Test

24. **E**

Method: **Graph**

y = -3 + 10·sin(x - 5π)

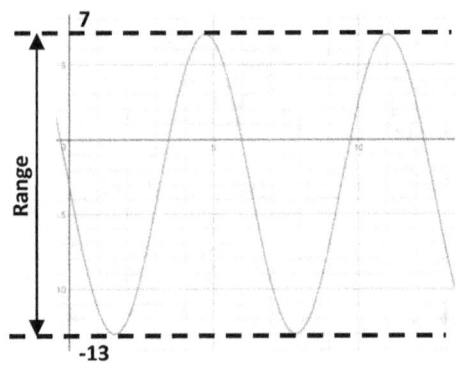

Range is between -13 ≤ y ≤ 7

25. **A**

Method: **Plug into the formula**

discount 10% on 990
paid amount → 990 x 0.9 = $ 891

discount another 10% on 891
final paid amount → 891 x 0.9 = **$ 801.9**

26. **A**

Method: **Solve and Simplify**

$$y = 9^{x-3}$$

swap x and y → $x = 9^{y-3}$

make 'y' the subject

$$\ln(x) = \ln 9^{y-3}$$

ln(x) = (y-3) ln(9) → ln(x)÷ln(9) = y -3

log₉ x = y-3 → y = log₉ x + 3

$$f^{-1}(x) = \log_9 x + 3$$

27. **D**

Method: **Evaluate**

using remainder theorem

R(x) = x³ -2x² + 4x -12

R(4) = 4³ -2(4)² + 4(4) -12

R(4) = **36**

28. **D**

Method: **Plug into the formula**

Uₙ = U₁ + (n-1) d → Uₙ = U₂ + (n-2) d

U₅ = U₂ + 3d → x7 → 350 = 7U₂ + 21d

                                                        minus

U₉ = U₂ + 7d → x3 → 114 = 3U₂ + 21d

                                        236 = 4U₂ → U₂ = 59

The second term is 59

29. **D**

Method: **Create table of possiblities**

	1	2	3	4	5	6
1	2	3	4	5	6	7
2	3	4	5	6	7	8
3	4	5	6	7	8	9
4	5	6	7	8	9	10
5	6	7	8	9	10	11
6	7	8	9	10	11	12

The square number appeared seven times out of 36 possibilities.

P(sum as a square number) = $\dfrac{7}{36}$

30. **A**

Method: **Simplify**

Find the inverse of 6x +1 → **(x-1) ÷ 6**

Put the inverse back in f(6x+1)

f(6**[(x-1)÷6]** + 1) = 12**[(x-1)÷6]** - 9

   f(x)   = 2x -2 - 9

   f(x)   = **2x -11**

31. **E**

Method: **Evaluate more terms**

   0,1,1,2,3,5, ...

the sequence is formed by adding adjacent terms

   7th   8th   9th   10th
   ↓   ↓   ↓   ↓
0,1,1,2,3,5, (5+3) = 8, (8+5) = 13 , (13+8) = 21, **(21+13) = 34**

32. **D**

Method: **Evaluate**

We know that $i^4 = 1$ and $i^{44} = (i^4)^{11} = (1)^{11} = 1$

$i^{45} = i^{44} \cdot i^1 = i$ $i^{46} = i^{45} \cdot i^1 = -1$

$i^{47} = i^{46} \cdot i^1 = -i$ $i^{48} = i^{44} \cdot i^4 = 1$

Plug all the values back in:

   $i^{45} + i^{46} - i^{47} - i^{48}$

=   i + (-1) - (-i) -1 = **2i - 2**

33. **B**

Method: **Plug into the formula**

sin θ = $\frac{4}{5}$

we know that   cos 2θ = 1 -2(sinθ)^2

         cos 2θ = 1 - 2($\frac{4}{5}$)^2

         cos 2θ = - $\frac{7}{25}$

34. **C**

Method: **Graph**

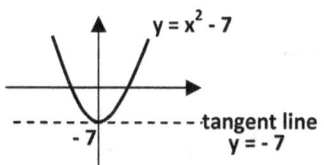

35. **D**

Method: **Solve by drawing**

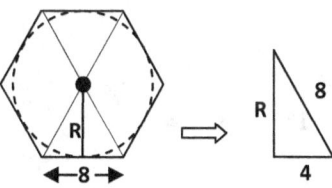

Pythagoras the small triangle

   R^2 + 4^2 = 8^2 → R^2 = 48

Area = π R^2 = π (48)

Area = 48π

36. **E**

Method: **Evaluate**

We know that the roots are 3 and $\pm i$

to find the function just multiply the roots

$(x - 3) \cdot (x - i) \cdot (x + i)$

$= (x - 3) \cdot (x^2 + 1)$

$= x^3 - 3x^2 + x - 3$

37. **B**

Method: **Graph**

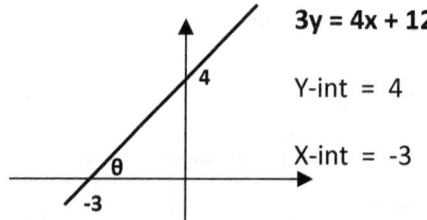

So asymptotes are at

$x = 11$ and $y = 0$

38. **A**

Method: **Evaluate**

$(-\frac{27}{125})^{1/3} = (-\frac{3^3}{5^3})^{1/3}$

$= -\frac{3}{5} = -0.6$

39. **D**

Method: **Simplify**

$p + 2q < p - 3q$

$2q + 3q < p - p$

$5q < 0$

$q < 0$

40. **C**

Method: **Graph**

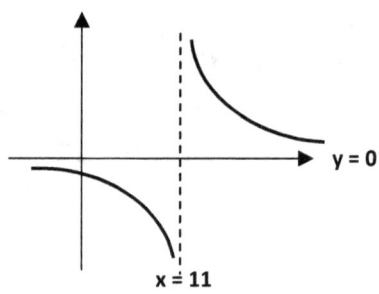

$3y = 4x + 12$

Y-int = 4

X-int = -3

Draw a triangle out and use trig to find angle

$\tan \theta = \frac{4}{3} \rightarrow \theta = \tan^{-1}(\frac{4}{3})$

$\theta = \underline{53.1°}$

41. **E**

Method: **Solve using formula**

P(win 2 out of 3)

= P(W W L) or P(W L W) or P(L W W)

= p·p·q + p·q·p + q·p·p

= **3p²q**

42. **B**

Method: **Graph**

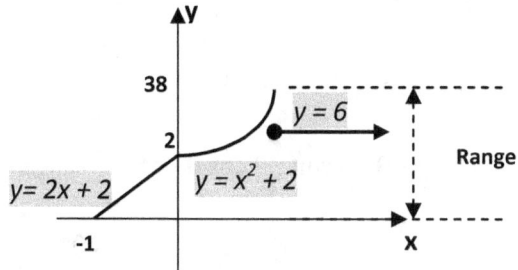

Range: $0 \leq y < 38$

43. **D**

Method: **Plug into the formula**

$3\sin^2\theta + 3\cos^2\theta = 3(\sin^2\theta + \cos^2\theta) = 3(1)$

$= 3$

44. **B**

Method: **Solve by drawing**

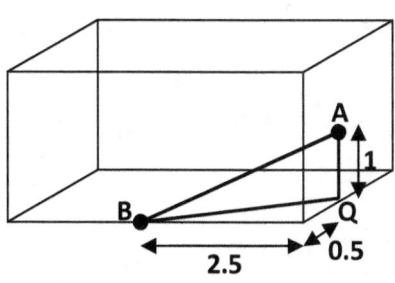

$BQ = \sqrt{2.5^2 + 0.5^2} = 2.55$

$AB^2 = AQ^2 + BQ^2$

$AB = \sqrt{1^2 + 2.55^2} = \underline{\mathbf{2.74}}$

45. **B**

Method: **Simplify by multiplying the conjugate**

$(\sqrt{5} + 1)(X) = 4$

$X = \frac{4}{\sqrt{5}+1}$

$X = \frac{4}{\sqrt{5}+1} \cdot \frac{\sqrt{5}-1}{\sqrt{5}-1} = 4(\frac{\sqrt{5}-1}{4})$

$X = \sqrt{5} - 1$

46. **E**

Method: **Graph**

$x^2 + y^2 = 4$ equation of circle

$y = x^2 - 4$ equation of parabola

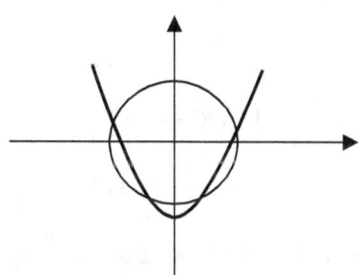

The two graphs intersect **4 times**

47. **D**

Method: **Graph**

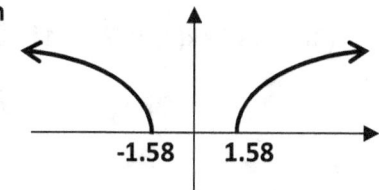

Domain: $1.58 \leq x \leq -1.58$

48. **A**

Method: **Simplify**

$$\frac{(n-1)!}{(n-2)!} = 60$$

$$\frac{(n-1)(n-2)!}{(n-2)!} = 60$$

n - 1 = 60

n = 61

49. **B**

Method:

(x^3 - 2 x^2 +kx + 6) ÷ (x^2 - 4x +3)

Factor (x^2 - 4x +3) → (x-3)(x-1)

We know that x =3 and x =1 are the roots of f(x)

We apply remainder theorem here

    f(3) = 0   and f(1) = 0

        f(3) = f(1)

$(3)^3$ - $2(3)^2$ +k(3) + 6 = 1^3 - 2 $(1)^2$ +k(1) + 6

        15 + 3k   = 5 + k

        k   = <u>-5</u>

50. **E**

Method: **Plug into the formula**

$$\sin(\frac{\pi}{2} - \theta) = \sin(\frac{\pi}{2})\cos\theta - \cos(\frac{\pi}{2})\sin\theta$$

                  = (1) cos θ - (0) sin θ

                  = <u>cos θ</u>

Raw Score	Conversion
44 - 50	800
39 - 43	750 - 790
36 - 38	720 - 740
33 - 35	690 - 710
29 - 32	650 - 680
25 - 28	590 - 640
20 - 24	540 - 580
25 - 29	510 - 530
20 - 24	450 - 500
15 - 19	400 - 440

Raw Score   =   Correct Answers   -   0.25 Wrong Answers

☐ = ☐ - 0.25 x ☐

TEST 2

Difficulty level: ★★★★ Time: 60mins

1. If $x^2 - 3 = 6$ and $y^2 - 4 = 12$ then $|x| + |y| =$

(A) 1

(B) 3

(C) 4

(D) 7

(E) 12

2. What is the distance between point $(3a, 2a)$ and $(-3a, -6a)$?

(A) 10

(B) 10a

(C) 4

(D) 4a

(E) $4a^2$

3. If $f(x) = 3 \cdot x - 12$, what is the x-intercept of $f(x)$?

(A) -12

(B) -4

(C) -3

(D) 4

(E) 12

4. $\dfrac{\sqrt{3}}{2\sqrt{3}-1} =$

(A) $\dfrac{6+\sqrt{3}}{11}$

(B) $\dfrac{6-\sqrt{3}}{11}$

(C) $\dfrac{3+\sqrt{3}}{12}$

(D) $\dfrac{3-\sqrt{3}}{12}$

(E) $\dfrac{3+\sqrt{3}}{3}$

5. If $\sec\theta = \dfrac{13}{12}$, then $\tan\theta =$

(A) $\dfrac{12}{13}$

(B) $\dfrac{13}{15}$

(C) $\dfrac{13}{5}$

(D) $\dfrac{12}{15}$

(E) $\dfrac{5}{12}$

6. If $2^{2x} + 2^x = 72$ then $x =$

(A) -9

(B) 2

(C) 3

(D) 8

(E) 9

28 | Page

SAT MATH LEVEL 2 Practice-Test

TEST 2

Time: 51mins

7. If there were 5 boys and 4 girls in a Sudoku club then, how many ways can 3 boys and 3 girls be chosen to compete in world-wide tournament?

(A)   40

(B)   60

(C)   120

(D)   720

(E)   1440

8. The sequence **2, 6, 18, 54, 162, ...** has the nth term equal to

(A) $4n - 2$

(B) $2 \cdot 3^n$

(C) $3 \cdot 2^n$

(D) $2 \cdot 3^{n-1}$

(E) $(4n - 2) \cdot 2^n$

9. If $|x| = x$, then the solution must consist of

(A)   zero only

(B)   imaginary numbers only

(C)   all real numbers only

(D)   positive real numbers and zero

(E)   negative real numbers and zero

10. The graph $y = x^2 - 4x + 7$ is a translation of graph of $y = x^2$ by

(A)   moving it up 4 units and left 3 units

(B)   moving it up 3 units and left 2 units

(C)   moving it up 3 units and right 2 units

(D)   moving it down 3 units and left 4 units

(E)   moving it down 4 units and left 3 units

11. What is the value of **a** in the graph?

(A) $-\dfrac{5}{8}$

(B) $-\dfrac{8}{5}$

(C) -3

(D) -5

(E) -8

12. $\sqrt[3]{-\dfrac{16}{54}} =$

(A) -0.544

(B) -0.667

(C) -0.984

(D) 0.544

(E) 0.667

SAT MATH LEVEL 2 Practice-Test

TEST 2

Time: 43mins

13. What is the smallest positive value of **x** that will make $4 + 2\sin(x - \pi)$ maximum?

(A) 1.05
(B) 1.57
(C) 2.09
(D) 4.19
(E) 4.71

14. If $f(x) = g^{-1}(x)$ and $g(x) = e^{2x+5}$ then $f(1) =$

(A) -5
(B) -2.5
(C) 0
(D) 0.4
(E) 1

15. If $\sin(x) = 0.5$ then $\cos(x) =$

(A) - 0.5
(B) -0.25
(C) 0.866
(D) 1.41
(E) 1.57

16. What is the equation of axis of symmetry of the graph with equation $x = (y-5)^2 + 3$?

(A) x = -3
(B) x = 3
(C) x = -5
(D) y = 5
(E) y = 3

17. Arithmetic sequence **5, a , b, ...** has the seventh term equal to 20. What is the value of **a + b**?

(A) 20.5
(B) 17.5
(C) 15
(D) 10
(E) 12.5

18. If $g(x) = \log_2(x + 1) - 2$, then $g^{-1}(x) =$

(A) $e^{x+2} - 1$
(B) $2^{x+1} - 2$
(C) $2^{x-1} - 2$
(D) $2^{x+2} + 1$
(E) $2^{x+2} - 1$

TEST 2

Time: 36mins

19. The graph of **f(x)** and **g(x)** are drawn below, which of the following function could represents the graph of **f(g(x))** ?

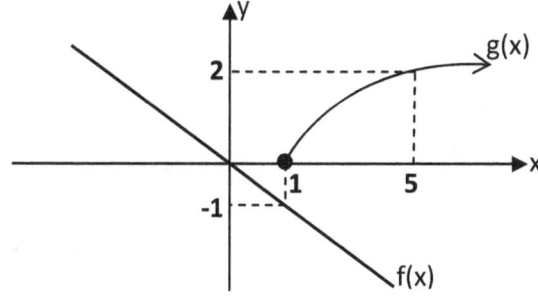

(A) $-e^{x-1}$

(B) $e^{-x} - 1$

(C) $\sqrt{x-1}$

(D) $-\sqrt{x-1}$

(E) $e^x - \sqrt{x}$

20. The range of a function $g(x) = \dfrac{5x}{x-3}$ is

(A) g(x) < 0

(B) g(x) ≥ 0

(C) $-\infty < g(x) < 5$ and $5 < g(x) < \infty$

(D) $-\infty < g(x) < 3$ and $3 < g(x) < \infty$

(E) All real number

21. If **f(3) = 0** and **f(9) = 12** and f(x) is a linear function then what is **'a'** if **f(a) = 20** ?

(A) 14

(B) 13

(C) 12

(D) 11

(E) 10

22. The period of graph $\cos(3\pi \cdot x - 4) + 6$ is

(A) 3π

(B) 2π

(C) π/2

(D) 3/2

(E) 2/3

23. The equation of the circle $x^2 - 6x + y^2 + 8y = -9$ has the **center** and **radius** equal to

	center	radius
(A)	(3,-4)	4
(B)	(-3,4)	4
(C)	(-3,4)	3
(D)	(-3,-4)	3
(E)	(3,4)	2

SAT MATH LEVEL 2 Practice-Test

TEST 2

Time: 31mins

24. If $(a + b) + (a - b)i = 11 - 12i$ then $b =$

(A) -1

(B) -0.5

(C) 5.5

(D) 11.5

(E) 23

25. The probability that it will rain today is 0.4 and the probability that there will be traffic on any given day is 0.7, what is the probability that there will be no rain and no traffic today?

(A) 0.90

(B) 0.70

(C) 0.63

(D) 0.28

(E) 0.18

26. If $f(r,\theta) = r^2(\sin 2\theta)$ then $f(2, 0.5\pi) =$

(A) 4

(B) 2

(C) 1

(D) 0

(E) -1

27. What is the distance between the points (-2, -3, -4) and (2, 3, 4)?

(A) 5.39

(B) 9.27

(C) 10.77

(D) 17.86

(E) 29.00

28. If **a** and **b** are positive integer and **ab = 30** then which of the following cannot be $\frac{a}{b}$?

(A) 7.50

(B) 3.33

(C) 2.67

(D) 1.20

(E) 0.30

29. $\dfrac{1 - \dfrac{2}{x+1}}{1 + \dfrac{3}{2x-5}} =$

(A) $\dfrac{2x-5}{2x-1}$

(B) $\dfrac{2x-5}{2x+2}$

(C) $\dfrac{2x+5}{x-1}$

(D) $\dfrac{2x+5}{2x+2}$

(E) $\dfrac{2x+5}{2x+1}$

32 | Page

SAT MATH LEVEL 2 Practice-Test

TEST 2

Time: 27mins

30. Let $x@y = \dfrac{xy^2}{xy}$, what is $(2@4) - (3@2)$?

(A) 2/3

(B) 3/2

(C) 4/9

(D) -4/9

(E) -3/2

31. If point U and V lie on the circular cylinder with radius of 3 and height of 12, then what is the maximum possible straight line distance between point U and V?

(A) 12.3

(B) 12.8

(C) 13.4

(D) 14.6

(E) 18.0

32. Triangle PQR have integer length where PQ = x + 2, QR = 2x - 14 and PR = 1.5x + 3,

which of the following is the least possible value of x?

(A) 3

(B) 7

(C) 10

(D) 11

(E) 12

33. A line has a parametric equation of $x = 3 + t$ and $2y = 13 - t$ the slope of the line is

(A) 2

(B) 1

(C) 0.5

(D) -0.5

(E) -2

SAT MATH LEVEL 2 Practice-Test

TEST 2

Time: 22mins

	Day 1	Day 2	Day 3
Samsung	213	223	201
Apple	294	334	324
Sony	112	145	109

34. The table above shows the number of tablet sold during a three-day period. The prices of tablet brand Samsung, Apple, and Sony were $300, $305, and $280 respectively. Which of the following matrix representations gives the income, in dollars, received of these three days?

(A) $\begin{vmatrix} 213 & 223 & 201 \\ 294 & 334 & 324 \\ 112 & 145 & 109 \end{vmatrix} \begin{vmatrix} 300 & 305 & 280 \end{vmatrix}$

(B) $\begin{vmatrix} 213 & 223 & 201 \\ 294 & 334 & 324 \\ 112 & 145 & 109 \end{vmatrix} \begin{vmatrix} 300 \\ 305 \\ 280 \end{vmatrix}$

(C) $\begin{vmatrix} 280 & 305 & 300 \end{vmatrix} \begin{vmatrix} 213 & 223 & 201 \\ 294 & 334 & 324 \\ 112 & 145 & 109 \end{vmatrix}$

(D) $\begin{vmatrix} 300 \\ 305 \\ 280 \end{vmatrix} \begin{vmatrix} 213 & 223 & 201 \\ 294 & 334 & 324 \\ 112 & 145 & 109 \end{vmatrix}$

(E) $\begin{vmatrix} 300 & 305 & 280 \end{vmatrix} \begin{vmatrix} 213 & 223 & 201 \\ 294 & 334 & 324 \\ 112 & 145 & 109 \end{vmatrix}$

35. The class of eight grader took a test, the mean score was 80, the median was 76 and the standard deviation of the scores was 6. The homeroom teacher decided to add 3 points to each student's scores as a bonus. Which of the following statement is valid?

  I. the new mean is 83
  II. the new median is 79
  III. the new standard deviation is 9

(A) I only
(B) II only
(C) I and II only
(D) I, II and III
(E) none of the above

36. In January 2010 the world's population was 7.4 billion. Assuming a growth rate of 3 percent per year, the world's population by the equation $P = 7.4(1.03)^t$, where t is time in years after 2010 and P is populuation in billions. According to the model, the population growth from January 2015 to January 2016 was

(A) 127,000,000
(B) 198,000,000
(C) 226,000,000
(D) 257,000,000
(E) 298,000,000

37. Point U has a coordinate of (3,0) and the pentagon below has all side of length 5 units. What is the perimeter of triangle UVW ?

(A) 12.1
(B) 13.1
(C) 16.2
(D) 18.1
(E) 21.2

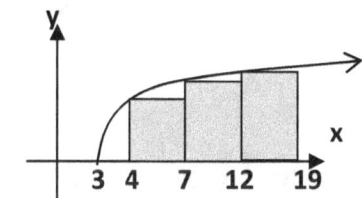

38. What is the sum of the shaded area below the graph f(x) ?

$f(x) = \sqrt{x-3}$

(A) 19
(B) 21
(C) 27
(D) 34
(E) 37

39. If $f(g(x)) = \frac{2\sqrt{x-3}+1}{1-\sqrt{x-3}}$ and $f(x) = \frac{2x+1}{1-x}$ then g(x) =

(A) $\sqrt{x}-3$
(B) $\sqrt{x-3}$
(C) $-\sqrt{x}+3$
(D) $\sqrt{3-x}$
(E) $x - 3\sqrt{x}$

40. What is the middle term of the expansion of $(2x-3)^6$?

(A) $-576 x^4$
(B) $2160 x^4$
(C) $-4320 x^3$
(D) $4675 x^3$
(E) $4860 x^2$

41. A coin is tossed three times, what is the probability that at least two tails appear ?

(A) 3/8
(B) 1/2
(C) 1/3
(D) 1/6
(E) 1/8

42. The solution set of 5y - 3x > 0 lies in which quadrants ?

(A) I and II only
(B) I and III only
(C) II and IV only
(D) I, II and III only
(E) II, III and IV only

SAT MATH LEVEL 2 Practice-Test

TEST 2

Time: 12mins

43. A circle with equation of $(x-3)^2 + (y+1)^2 = 4$ has a tangent line drawn at $(3, 1)$, what is the equation of this tangent line?

(A) y = 1

(B) y = 2x + 1

(C) y = -2x + 1

(D) x = 3

(E) y = -0.5 x

44. What is the domain of $f(x) = \sqrt{5-x}$?

(A) x ≥ 0

(B) x ≤ 0

(C) x ≥ -5

(D) x ≤ -5

(E) x ≤ 5

45. The surface area of the cube is equal to its volume, what is the volume of the largest sphere that can fit inside the cube?

(A) 36 π

(B) 72 π

(C) 108 π

(D) 144 π

(E) 288 π

46. What is the sum of the sequence of imaginary number $i, i^2, i^3, \ldots i^{100}$?

(A) -25

(B) -4

(C) 0

(D) 4

(E) 25

47. If $\ln(x+3) - \ln(x^2-9) = 2\ln(3)$, then x =

(A) 0

(B) 1

(C) 2.11

(D) 3.11

(E) 5.33

48. $(\sin θ + \cos θ)^2 - 1 =$

(A) cos 2θ

(B) sin 2θ

(C) 1 - sin θ - cos θ

(D) tan θ

(E) 0

SAT MATH LEVEL 2 Practice-Test

TEST 2

Time: 4mins

49. If all kitten are white then some puppy are brown. Which of the following is true ?

(A) If some kitten are white then all puppy are brown

(B) If no kitten are white then all puppy are white

(C) There are no white puppies

(D) There are some brown kitten

(E) There are some white puppies

50. If $a - 6 = 2\sqrt{a - 6}$, then a =

(A) 6 only

(B) 9 only

(C) 10 only

(D) 6 and 10

(E) 6 and 12

END OF TEST 2

SAT MATH LEVEL 2 Practice-Test

TEST 2 - Answer Key

1. D

Method: **Solve**

$x^2 - 3 = 6 \rightarrow x^2 = 9 \rightarrow x = \pm 3$

$y^2 - 4 = 12 \rightarrow y^2 = 16 \rightarrow y = \pm 4$

$$|x| + |y|$$
$$= |\pm 3| + |\pm 4|$$
$$= 3 + 4 = \underline{7}$$

2. B

Method: **Plug into the formula**

$dist = \sqrt{(y_2 - y_1)^2 + (x_2 - x_1)^2}$

$dist = \sqrt{(-6a - 2a)^2 + (-3a - 3a)^2}$

$dist = \sqrt{(100a^2)}$

dist = $\underline{10a}$

3. D

Method: **Evaluate**

x-intercept $\rightarrow$ y = 0, x = ?

$f(x) = 3x - 12$

$0 = 3x - 12$

$x = \underline{4}$

4. A

Method: **Simplify by multiplying the conjugate**

$$\frac{\sqrt{3}}{2\sqrt{3}-1} \cdot \frac{2\sqrt{3}+1}{2\sqrt{3}+1}$$

$$= \frac{2(3) + \sqrt{3}}{(4 \times 3) - 1} = \frac{6 + \sqrt{3}}{11}$$

5. E

Method: **Simplify using trig**

$\sec \theta = \frac{13}{12} = \frac{hyp}{adj}$

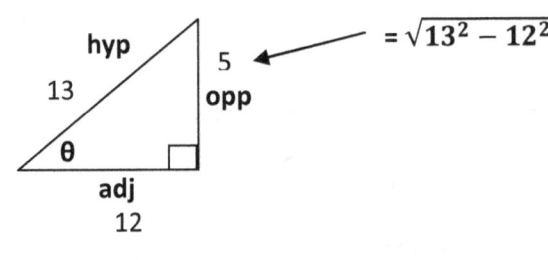

$\tan \theta = \frac{opp}{adj} = \frac{5}{12}$

6. C

Method: **Solve by factorizing**

$2^{2x} + 2^x = 72 \rightarrow 2^{2x} + 2^x - 72 = 0$

$(2^x + 9)(2^x - 8) = 0$

$\boxed{2^x \neq -9}$ and $\boxed{2^x = 8}$

$2^x = 2^3 \rightarrow x = \underline{3}$

7. **A**

Method: **Plug into the formula**

5 Boys choose 3   x   4 Girls choose 3

$$^5C_3 \quad \times \quad ^4C_3$$

= 10 x 4 = **40**

8. **D**

Method: **Plug into the formula**

We know that the sequence is a geometric

2, 6, 18, 54, 162, ... ← $U_1 = 2$ and $r = 3$

$$U_n = U_1 \times r^{n-1}$$

$$U_n = 2 \cdot 3^{n-1}$$

9. **D**

Method: **Graph**

plot $y = |x|$ and $y = x$

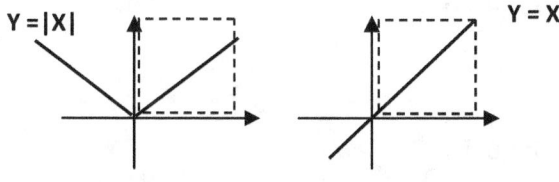

Take the common part as the solution set (Quadrant 1)

The values that will make them equal would be 'positive real numbers and zero'

10. **C**

Method: **Simplify and Graph**

Completing the square will help find the vertex in order to see a proper translation

$$x^2 - 4x + 7 = (x^2 - 4x + (-2)^2) + 7 - (-2)^2$$

$$= (x - 2)^2 + 3 \leftarrow \textbf{vertex at (2,3)}$$

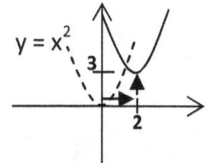

The graph is translated

3 units up and 2 units right

11. **A**

Method: **Plug into the formula and Evaluate**

The roots from the graph → $x = a$, $x = 2$ and $x = 4$

$$Y = (x - a)(x - 2)(x - 4)$$

$$Y = (x - a)(x^2 - 6x + 8)$$

From the graph **y-intercept at 5** → $x = 0$, $y = 5$

Plug the values into the equation

$$5 = (0 - a)(0^2 - 6(0) + 8)$$

$$5 = -a(8)$$

$$a = -\frac{5}{8}$$

12. **B**

Method: **Evaluate**

$$\sqrt[3]{-\frac{16}{54}} = \sqrt[3]{-\frac{8}{27}} = \left[\frac{-2^3}{3^3}\right]^{1/3}$$

$$= \frac{-2}{3} = -0.667$$

13. **E**

Method: **Graph**

$$y = 4 + 2\sin(x - \pi)$$

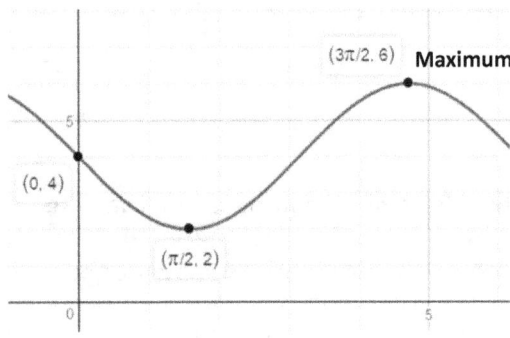

Maximum at $x = 3\pi/2$ or 4.71

14. **B**

Method: **Evaluate and Solve**

if $\quad f(x) = g^{-1}(x)$

then $\quad f^{-1}(x) = g(x) = e^{2x+5}$

$f(1) = g^{-1}(1) = ?$ → means if y = 1 then x = ?

$1 = e^{2x+5}$ → $e^0 = e^{2x+5}$

$0 = 2x + 5$ → **x = -2.5**

15. **C**

Method: **Solve**

$\sin(x) = 0.5$ → $x = \sin^{-1}(0.5)$ → **x = 30**

$\cos(30) = \frac{\sqrt{3}}{2} = \underline{\mathbf{0.866}}$

16. **D**

Method: **Graph**

$x = (y-5)^2 + 3$

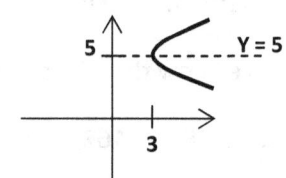

The line of symmetry has an equation of **y = 5**

17. **B**

Method: **Evaluate using formula**

arithmetic sequence formula

$$U_n = U_1 + (n-1)d$$

$U_7 = U_1 + (7-1)d$

$20 = 5 + 6d$

$d = 2.5$

Now we can find value of a and b

$a = 5 + 2.5 = 7.5$

$b = 7.5 + 2.5 = 10$

$a + b = 7.5 + 10 = \underline{\mathbf{17.5}}$

18. **E**

Method: **Simplify to find inverse**

$$g(x) = \log_2(x+1) - 2$$
$$y = \log_2(x+1) - 2$$

swap x and y → $x = \log_2(y+1) - 2$

make y the subject → $x + 2 = \log_2(y+1)$

$$2^{x+2} = y + 1$$
$$y = 2^{x+2} - 1$$
$$g^{-1}(x) = \underline{\underline{2^{x+2} - 1}}$$

19. **D**

Method: **Evaluate**

From the graph we know that

$f(x) = -x$ and $g(x) = \sqrt{x-1}$

now we want $f(g(x))$

$f(\sqrt{x-1}) = -(\sqrt{x-1})$

20. **C**

Method: **Graph**

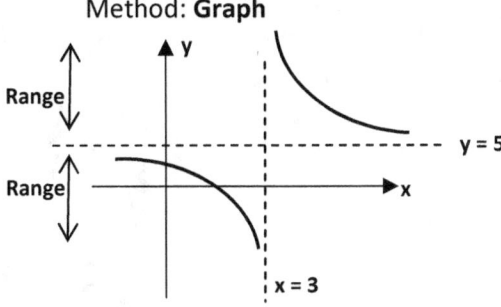

Range: $-\infty < y < 5$ and $5 < y < \infty$

21. **B**

Method: **Plug into the formula**

$f(3) = 0$ → $x_1 = 3$ and $y_1 = 0$

$f(9) = 12$ → $x_2 = 9$ and $y_2 = 12$

$$\boxed{\text{slope} = \frac{12-0}{9-3} = 2}$$

$f(a) = 20$ → $x = a$ and $y = 20$

using slope equation with point (3,0)

$$\text{slope} = \frac{20-0}{a-3}$$
$$2 = \frac{20-0}{a-3}$$
$$2a - 6 = 20$$
$$a = \underline{\underline{13}}$$

22. **E**

Method: **Plug into the formula**

$$\cos(3\pi \cdot x - 4) + 6$$

Period $= \frac{2\pi}{3\pi} = \frac{2}{3}$

23. **A**

Method: **Simplify and Plug into the formula**

Complete the square

$$x^2 - 6x + y^2 + 8y = -9$$

$(x-3)^2 + (y+4)^2 = 16$ ← $(x-h)^2 + (y-k)^2 = r^2$

$(h, k) = (3, -4)$

$r = 4$

24. D

Method: **Evaluate by equating**

$(a + b) + (a - b)i = 11 - 12i$

$a + b = 11$
minus
$\underline{a - b = -12}$

$2b = 23$

$b = \underline{\mathbf{11.5}}$

25. E

Method: **Evaluate**

P(no rain and no traffic)

= P(no rain) x P(no traffic)

= [1-0.4] x [1-0.7]

= 0.6 x 0.3

= **0.18**

26. D

Method: **Evaluate**

$f(r,\theta) = r^2(\sin 2\theta)$

$f(2, 0.5\pi) = 2^2 [\sin(2 \cdot 0.5\pi)]$

$ = 4 \cdot [0]$

$ = \underline{\mathbf{0}}$

27. C

Method: **Plug into the formula**

(2,3,4) and (-2,-3,-4)

dist = $\sqrt{(-2-2)^2 + (-3-3)^2 + (-4-4)^2}$

dist = $\sqrt{16 + 36 + 64}$

dist = 10.77

28. C

Method: **Evaluate**

a x b = 30		a / b =	
1 x 30	→	1/30 = 0.033	
2 x 15	→	2/15 = 0.13	
3 x 10	→	3/10 = 0.3	E
5 x 6	→	5/6 = 0.83	
6 x 5	→	6/5 = 1.2	D
10 x 3	→	10/3 = 3.33	B
15 x 2	→	15/2 = 7.5	A
30 x 1	→	30/1 = 30	

we don't see choice C here

29. **D**

Method: **Evaluate**

Evaluate $\dfrac{1-\dfrac{2}{x+1}}{1+\dfrac{3}{2x-5}}$ by putting **x = 0**

$$\dfrac{1-\dfrac{2}{0+1}}{1+\dfrac{3}{2(0)-5}} = \dfrac{5}{2}$$

Now if we put x=0 in the choice we should be -5/2

(A) $\dfrac{2x-5}{2x-1}$ → 5

(B) $\dfrac{2x-5}{2x+2}$ → -5/2

(C) $\dfrac{2x+5}{x-1}$ → -5

(D) $\dfrac{2x+5}{2x+2}$ → 5/2

(E) $\dfrac{2x+5}{2x+1}$ → 5

30. **A**

Method: **Evaluate**

$x@y = \dfrac{xy^2}{x^y}$

(2 @ 4) - (3 @ 2)

$\dfrac{2\cdot 4^2}{2^4} - \dfrac{3\cdot 2^2}{3^2} = \dfrac{2}{3}$

31. **C**

Method: **Draw out and Evaluate**

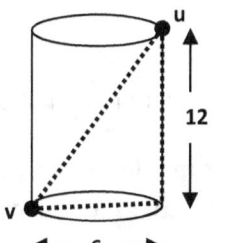

Apply Pythagoras

$uv^2 = 6^2 + 12^2$

uv = 13.4

32. **E**

Method: **Evaluate**

We know: *sum of two small side > a largest side*

(x + 2) + (2x - 14) > 1.5x + 3

1.5 x > 15

x > 10

Least possible value of x that will make PQR have integer length would have to be **12**

33. **D**

Method: **Simplify and Plug into the formula**

x = 3 + t → $\boxed{t = x - 3}$

2y = 13 - t → 2y = 13 -(x-3) → 2y = 16 - x

Rearrange the equation into slope intercept form

y = -0.5x + 8 → slope = **-0.5**

34. E

Method: **Evaluate**

In choice A and D matrices cannot be multiplied

In choice B and C matrices multiplication gives improper value of total sales of each brand

Choice E

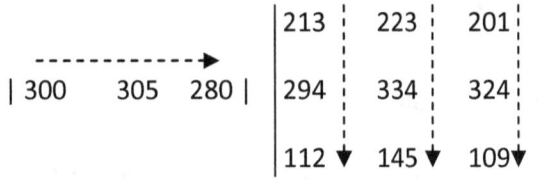

Day 1

300 x 213 + 305x294 + 280x112 = 184,930

Day 2

300 x 223 + 305x334 + 280x145 = 209,370

Day 3

300 x 201 + 305x324 + 280x109 = 189,640

Day 1	Day 2	Day 3
184,930	209,370	189,640

35. C

Method: **Evaluate**

Old	Change	New
Mean = 80	+3 →	Mean = 83
Median = 76	+3 →	Median = 76
S.D. = 6	+0 →	S.D. = 6

Changes occurs at the mean and median only

36. D

Method: **Evaluate**

$P = 7.4(1.03)^t$

To find the population growth between the two years we plug-in t = 6 and t = 5 then find the differences between the value of P

Difference = $[7.4(1.03)^6 - 7.4(1.03)^5]$ billion

Difference = 257,000,000

37. E

Method: **Draw out and Plug into the formula**

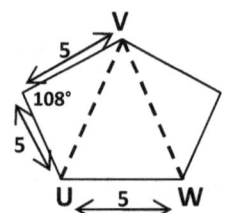

We need to find UV & VW

We know each angle is 540/5 = 108°

We know that UV = VW

Apply Cosine Rule

UV = VW = $\sqrt{5^2 + 5^2 - 2(5)(5)\cos 108}$ = 8.1

Perimeter = 8.1 + 5 + 8.1 = 21.2

38. **D**

Method: **Evaluate**

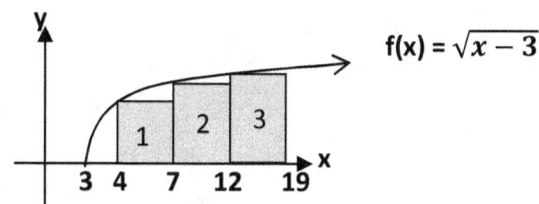

Area 1 = (7 - 4) ($\sqrt{4-3}$) = 3

Area 2 = (12 - 7) ($\sqrt{7-3}$) = 10

Area 3 = (19 - 12) ($\sqrt{12-3}$) = 21

Total Area = 3 + 10 + 21 = <u>34</u>

39. **B**

Method: **Simplify**

$f(x) = \frac{2x+1}{1-x}$ → we compare the terms here with f(g(x))

$f(g(x)) = \frac{2\sqrt{x-3}+1}{1-\sqrt{x-3}}$ → we discover that g(x) = $\sqrt{x-3}$

40. **C**

Method: **Expand**

middle term is $\boxed{?}$ x³ → (2x - 3)⁶

= $\binom{6}{0}$ (2x)⁶ + ... + $\binom{6}{3}$ (2x)³(-3)³ +....

= ..... + 20 · (8x³)(-27) + ...

the middle term is -4320·x³

41. **B**

Method: **Solve using formula**

P(at least 2 tails)

= P(T T H) or P(T H T) or P(H T T) or P(T T T)

= (1/2)³ + (1/2)³ + (1/2)³ + (1/2)³

= **1/2**

42. **D**

Method: **Simplify and Graph**

5y - 3x > 0 → 5y > 3x → **y > 0.6x**

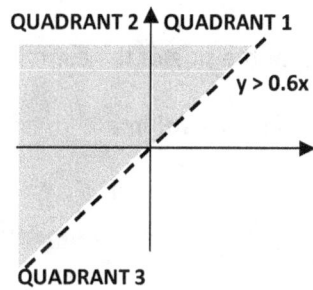

Solutions lie in quadrant 1,2 and 3 only

43. **A**

Method: **Plug into the formula and Graph**

(x - 3)² + (y +1)² = 4 → center at (3,-1) & radius = 2

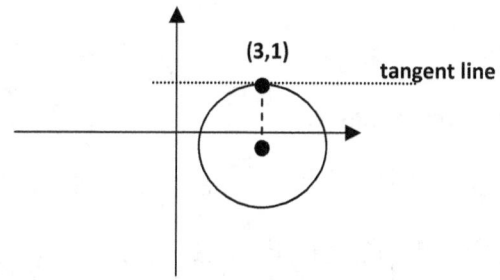

Tangent line has a slope of 0 and y-intercept = 1

Equation of tangent → **y = 1**

44. E

Method: **Graph**

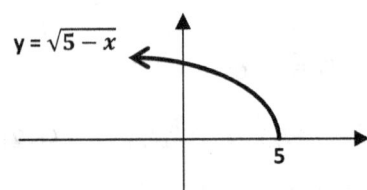

From the graph we notice that it starts at x = 5 and move backward

Domain : x ≤ 5

45. A

Method: **Simplify and Solve**

Let x be the length of the side of the cube

surface area is **equal** to its **volume**

$6x^2 = x^3$

$x = 6$

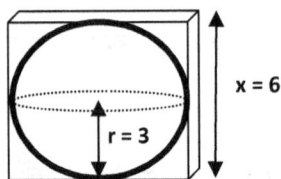

$V = 4/3 \pi r^3 = 4/3 \pi 3^3 = 36\pi$

46. C

Method: **Evaluate**

SET 1	SET 2	SET 3	....	SET 25
$i, i^2, i^3, i^4,$	$i^5, i^6, i^7, i^8,$	i^9		i^{100}
i, -1, -i, 1	i, -1, -i, 1			

From first to fourth term sum of 1 set = 0

From first to hundredth term sum of 25 set = 0

47. D

Method: **Simplify**

$$\ln(x+3) - \ln(x^2-9) = 2\ln(3)$$

$$\ln\left(\frac{x+3}{x^2-9}\right) = \ln(3^2)$$

$$\left(\frac{x+3}{x^2-9}\right) = (3^2)$$

$$\frac{(x+3)}{(x-3)(x+3)} = 9$$

$$x - 3 = \frac{1}{9}$$

$$x = 3.11$$

48. B

Method: **Simplify and Plug into the identity**

$(\sin θ + \cos θ)^2 - 1 = \sin^2θ + 2\sinθ\cosθ + \cos^2θ - 1$

$= 2\sinθ\cosθ + \sin^2θ + \cos^2θ - 1 = 2\sinθ\cosθ + 1 - 1$

$= 2\sinθ\cosθ = \underline{\sin 2θ}$

49. E

Method: **Evaluate**

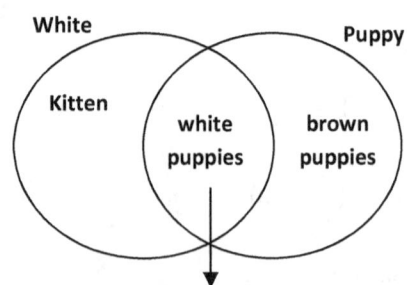

Some puppies are white

50. **D**

Method: **Simplify**

$$a - 6 = 2\sqrt{a - 6} \quad \leftarrow \text{square both side}$$

$(a - 6)^2 = 4(a - 6)$

$a^2 - 12a + 36 = 4a - 24$

$a^2 - 16a + 60 = 0$

a = 6 and **a = 10**

Score Range

Raw Score	Conversion
45 - 50	800
40 - 44	750 - 790
36 - 39	720 - 740
30 - 35	690 - 710
25 - 29	650 - 680
20 - 24	590 - 640
16 - 19	540 - 580
12 - 15	510 - 530
9 - 11	450 - 500
5 - 10	400 - 440

Raw Score = Correct Answers - 0.25 Wrong Answers

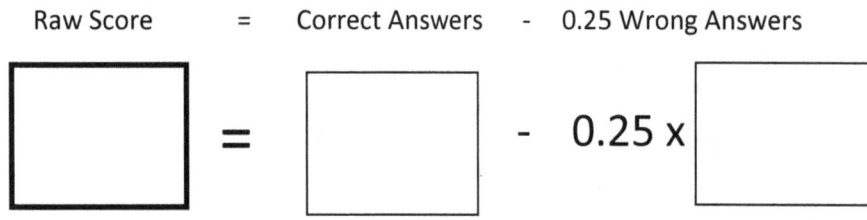

TEST 3

Difficulty level: ★★★★ **Time: 60mins**

1. If $\sqrt{a+b} = 9$ and $\sqrt{a-b} = 7$ then **b** = ?

   (A) 16
   (B) 32
   (C) 36
   (D) 42
   (E) 81

2. The range of $f(x) = -(x+3)^2 - 3$ is

   (A) Less than or equal to -3
   (B) Greater than or equal to -3
   (C) Less than or equal to 3
   (D) Greater than or equal to 3
   (E) All real number

3. If **a < 1** then which of the following is the sum of the sequence $a^0, a^{-1}, a^{-2}, a^{-3}, a^{-4}, ...$?

   (A) $a^2 \cdot (a-1)^{-1}$
   (B) $a^2 \cdot (a-1)^{-2}$
   (C) $a^1 \cdot (a-1)^{-1}$
   (D) $a^0 \cdot (a-1)^{-2}$
   (E) $a^{-1} \cdot (a-1)^{-2}$

4. If $a^{2x} + 5a^x = 50$, given that **a** and **x** are positive integer, then **a** =

   (A) 0
   (B) 1
   (C) 2
   (D) 5
   (E) 10

5. If $\sin^2(x) = 0$, then the solution(s) equal to

   (A) zero only
   (B) $(0.5n) \cdot \pi$, where n is an integer
   (C) $n \cdot \pi$, where n is an integer
   (D) $2n \cdot \pi$, where n is an integer
   (E) $(2n+1) \cdot \pi$, where n is an integer

6. If $\dfrac{2\sqrt{x}}{\sqrt{x}+1} = 2$, then x =

   (A) 0
   (B) -1
   (C) 1
   (D) 4
   (E) no solution

SAT MATH LEVEL 2 Practice-Test

TEST 3

Time: 52mins

7. If $\sec\theta = \sqrt{a}$, then $\tan^2\theta =$

(A)   a

(B) a^2

(C) $a^2 + 1$

(D)   a + 1

(E)   a - 1

8. The sequence 0.02, 0.002, 0.0002, ... has the nth term equal to

(A) $(0.02)^n$

(B) $(0.2)(10^{-n})$

(C) $(0.2)(10^n)$

(D) $(0.02)(10^{-n})$

(E) $(0.02)(10^n)$

9. Matrix A has a dimension of 6 by 3, matrix B has a dimension of 1 by 4, matrix C has a dimension of 4 by 1 and matrix D has a dimension of 3 by 4 Which of the following is possible?

(A)   ADB

(B)   ABC

(C)   BAC

(D)   BDA

(E)   DCB

10. The limit of $\lim_{n\to\infty}\left(1-\frac{1}{n}\right)^2 =$

(A) $-\infty$

(B) ∞

(C)   -1

(D)   0

(E)   1

11. If $f(x) = e^{x+1} - e^{-x}$, then $f^1(0) =$

(A)   - 2

(B)   - 1

(C)   -0.5

(D)   0

(E)   1

12. What is the maximum value of $7 - 3\cos(x - \pi)$?

(A)   17

(B)   10

(C)   7

(D)   4

(E)   3

50 | Page

SAT MATH LEVEL 2 Practice-Test

TEST 3

Time: 45mins

13. If the plane with equation 2x + 4y - 3z = 12 passes point (0, 0, a) , (0, b ,0) and (c, 0, 0). What is the value of a + b + c ?

(A) -13
(B) 13
(C) -5
(D) 5
(E) -3

14. Point **(a, b)** lies in the fourth quadrant of the XY-coordinate system. Which of the following must be true ?

  I.   a·b ≥ 0
  II. a·b^{-1} > 0
  III. a + b < 0

(A) I only
(B) II only
(C) III only
(D) I, II and III
(E) none of the above

15. If a triangle ABC is formed by the line **y = 3x + 2** , **y = -2x + 12** and the y-axis then what is the area of this triangle ?

(A) 20   (B) 12
(C) 10   (D) 8
(E) 6

16. What is the equation of axis of symmetry of the graph with equation **x = y^2 - 6y + 12** ?

(A) x = -6
(B) x = 3
(C) x = -12
(D) y = 12
(E) y = 3

17. The polar coordinate (2, 300°) has a Cartesian coordinate of

(A) (1 , -√3)
(B) (1 , √3)
(C) (-√3 , 1)
(D) (1, -√2)
(E) ($\frac{1}{2}$, -$\frac{\sqrt{3}}{2}$)

18. Let **a** be a constant, the line perpendicular to line **ay = 2ax + a^2** is

(A) y = -ax + 2
(B) y = -2x + a
(C) y = - 0.5x
(D) y = $\frac{-x}{a}$ + 2
(E) y = $\frac{x}{a}$ - a

SAT MATH LEVEL 2 Practice-Test

TEST 3

Time: 38mins

19. Two square base prisms connected from the bases are fitted in a sphere of radius 10 cm.

What is the volume of a prism ?

(A) 4187

(B) 2667

(C) 1333

(D) 999

(E) 867

20. The asymptote(s) of $h(x) = \frac{x+1}{1-x}$ equal to

(A) y = 1 only

(B) x = 1 only

(C) y = 1 and x = 1 only

(D) y = -1 and x = 1 only

(E) y = -1 , y =1 , x =1 and x = -1

21. If $\sqrt[3]{-\frac{24}{3b^2}} = -8$ then b =

(A) -8

(B) $-\frac{1}{64}$

(C) $-\frac{1}{8}$

(D) $\frac{1}{4}$

(E) 4

22. How many integers are in the solutions of $|(x-3)^2 - 4| \leq 3$?

(A) 4

(B) 3

(C) 2

(D) 1

(E) infinite solutions

23. If $\log_2 x = b$ and $\log_2 y = c$ then 2xy =

(A) 2^{b+c}

(B) 2^{bc}

(C) 2^{2+bc}

(D) 2^{2bc}

(E) 2^{b+c+1}

24. Vector A has a component of **-3i + 5j -3k** and vector B has a component of **i + (p+3)j - 6k**, given that both vectors are perpendicular to each other. Find the value of **p.**

(A) -6

(B) -3

(C) -1

(D) 0

(E) 2

52 | P a g e

SAT MATH LEVEL 2 Practice-Test

TEST 3

Time: 31mins

25. If $x = \ln(t)$ and $y = t^2 - 2$ then the Cartesian equation is y =

(A) e^{2x+2}

(B) $e^{2x} + 2$

(C) $2e^{2x} + 2$

(D) $e^{2x} - 2$

(E) e^{2x-2}

26. Which of the following is the equation of the graph below?

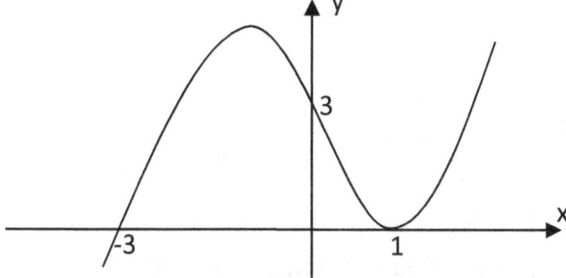

(A) $x(x + 1)(x - 3)$

(B) $x(x - 1)(x + 3)$

(C) $(x - 1)^2 (x + 3)$

(D) $(x + 1)^2(x - 3)$

(E) $x^2(x - 1)(x + 3)$

27. The remainder when $ax^3 + 2x^2 - 18$ is divided by $(x - 3)$ is 9, then a =

(A) 1/3

(B) 1/2

(C) 1

(D) 2

(E) 3

28. If $\sec(x) = 1.25$ then $\cot(x) =$

(A) 0.5

(B) 0.75

(C) 0.87

(D) 1.33

(E) 1.57

29. What is the value of the coefficient of $\frac{1}{x}$ in the expansion of $(2x^{-1} - x)^3$?

(A) 12

(B) 8

(C) 6

(D) -1

(E) -12

SAT MATH LEVEL 2 Practice-Test

TEST 3

Time: 25mins

30. Evaluate $(2+i)^2(2-i)^2$

(A) -25
(B) -16
(C) 0
(D) 16
(E) 25

31. If $\dfrac{n!}{(n-2)!} = 20$, then n =

(A) 8
(B) 7
(C) 6
(D) 5
(E) 4

32. Given that

$$f(x) = \begin{cases} -2\sin x & -\pi \leq x < 0 \\ 2\sin x & 0 \leq x < \pi \\ x - \pi & x \geq \pi \end{cases}$$

What is the range of f(x)?

(A) $-\pi \leq f(x) \leq \pi$
(B) $-2 \leq f(x) \leq 2$
(C) $0 < f(x) < \pi$
(D) $f(x) \geq 0$
(E) $0 > f(x)$

33. The graph of f(x) and g(x) are drawn below, which of the following function could represents the graph of f(g(x))?

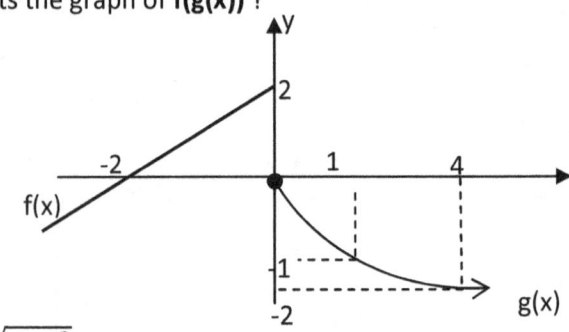

(A) $\sqrt{x-2}$
(B) $\sqrt{x+2}$
(C) $\sqrt{x} + 2$
(D) $-\sqrt{x} + 2$
(E) $-\sqrt{x} - 2$

34. The period of graph $\cot(a\cdot x - b) + d$ is

(A) $a\cdot\pi$
(B) $b\cdot\pi$
(C) 2π
(D) π/a
(E) π/b

TEST 3

Time: 20mins

35. $\dfrac{1-\dfrac{3x}{x-2}}{1+\dfrac{3}{x^2-4}} =$

(A) $\dfrac{2x+2}{2x-1}$

(B) $\dfrac{2x-2}{2x+2}$

(C) $\dfrac{2x+4}{2x-1}$

(D) $\dfrac{-2x+2}{x+1}$

(E) $\dfrac{-2x-4}{x-1}$

36. The fifth term of arithmetic sequence is -9 and the tenth term is -19, the first term is equal to

(A) -1
(B) 1
(C) 3
(D) 7
(E) 9

37. The equation of the ellipse $25x^2 + 100x + 36y^2 - 216y = 476$ has a focus at

(A) (-9.81, 3) and (5.81, 3)
(B) (-2, 10.81) and (-2, -4.81)
(C) (9.81, -3) and (5.81, -3)
(D) (2, -10.81) and (2, -4.81)
(E) (-9.81, 10.81) and (-9.81, -4.81)

38. If $f(x) = \ln(x+5) + \ln(2)$ then $f^{-1}(x) =$

(A) e^{2x+5}
(B) $2e^x + 5$
(C) $e^{2x} + 5$
(D) $e^{2x} - 5$
(E) $\dfrac{e^x}{2} - 5$

39. Which of the following statement must be true ?

I. The mean of the set is always greater than standard deviation

II. The variance is always greater than standard deviation

III. Mode is always greater than the mean

(A) I only
(B) II only
(C) III only
(D) I and II only
(E) II and III only

40. The probability that Lee passes a math exam is 0.2 and the probability that Lee fails a chemistry exam is 0.3. What is the probability that Lee pass at least one of the subject ?

(A) 0.86
(B) 0.76
(C) 0.61
(D) 0.14
(E) 0.06

SAT MATH LEVEL 2 Practice-Test

TEST 3

Time: 12mins

41. If Josh invested $4,000 at the rate of 5% compound interest then how long (to the nearest year) would it take for the money to double its value?

(A)   8
(B)   10
(C)   12
(D)   14
(E)   16

42. If $\sqrt{a} \times b = 10$ and $a \times \sqrt{b} = 20$ then $\dfrac{a}{b} =$

(A)   0.25
(B)   0.5
(C)   2
(D)   4
(E)   16

43. The average of three numbers is 12 and one of the number is twice the other. If the range is 5 then what is the value of the largest number?

(A)   3.5
(B)   6.75
(C)   7.5
(D)   9.75
(E)   12.75

44. Given that $f(a) = 28$ and the area bounded by the graph of $f(x)$ from $0 \leq x \leq a$ is 32 then $f(x)$ is equal to

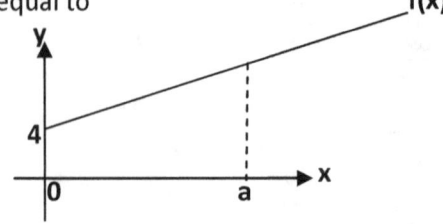

(A) $12x + 4$
(B) $4x + 4$
(C) $2x + 4$
(D) $x + 4$
(E) $0.25x + 4$

45. A right triangle with the area of 24 has longest side equal to 9. What is the perimeter of this triangle

(A) $9 + \sqrt{17} + \sqrt{19}$
(B) $9 + \sqrt{177}$
(C) $12 + \sqrt{17}$
(D) $17 + \sqrt{177}$
(E) $\sqrt{17} + \sqrt{177}$

46. What is the domain of $f(x) = \sqrt{x^2 - 4}$?

(A) $-\infty < x \leq 2$
(B) $2 \leq x < \infty$
(C) $-\infty > x > 2$
(D) $-2 \geq x \geq 2$
(E) $-2 \leq x \leq 2$

TEST 3

Time: 5mins

47. sin (x - 3π) =

(A) cos x

(B) sin x

(C) - cos x

(D) - sinx

(E) tan x

48. If $f(g(x)) = \frac{2e^x - 10}{e^{2x} - e^x}$ and $f(x) = \frac{2(x-5)}{x(x-1)}$ then g(x) =

(A) e^x

(B) e^{-x}

(C) e^{2x}

(D) e^{-2x}

(E) $2e^x$

49. If $x - 9 = 2(\sqrt{x} + 3)$, then x =

(A) 1 only

(B) 9 only

(C) 25 only

(D) 25 and 9

(E) no solution

50. The value of | 7 - i | is equal to

(A) $2\sqrt{5}$

(B) $5\sqrt{2}$

(C) $\sqrt{7}$

(D) $2\sqrt{7}$

(E) $7\sqrt{2}$

END OF TEST 3

TEST 3 - Answer Key

1. **A**

   Method: **Solve**

   Square both side

   $\sqrt{a+b} = 9 \rightarrow a + b = 81$

   minus

   $\sqrt{a-b} = 7 \rightarrow \underline{a - b = 49}$

   $2b = 32$

   $\underline{b = 16}$

2. **A**

   Method: **Graph**

   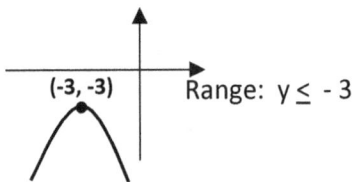

   (-3, -3)   Range: $y \leq -3$

3. **C**

   Method: **Plug into the formula**

   $a^0, a^{-1}, a^{-2}, a^{-3}, a^{-4}, \ldots$ (since $a < 1$)

   Sum to infinity $= \dfrac{a_1}{1-r} = \dfrac{a^0}{1-a^{-1}}$

   Sum to infinity $= \dfrac{1}{1-\frac{1}{a}} = \dfrac{a}{a-1}$

   Sum to infinity $= a(a-1)^{-1}$

4. **D**

   Method: **Solve by factorizing**

   $a^{2x} + 5a^x = 50 \rightarrow a^{2x} + 5a^x - 50 = 0$

   $(a^x - 5)(a^x + 10) = 0$

   $\boxed{a^x = 5}$ and $\boxed{a^x \neq -10}$ negative value is not possible

   since 'a' and 'x' are positive integer

   we will let x = 1 to find 'a'

   $a^1 = 5 \rightarrow \underline{a = 5}$

5. **C**

   Method: **Graph out to see the pattern**

   $y = \sin^2(x)$

   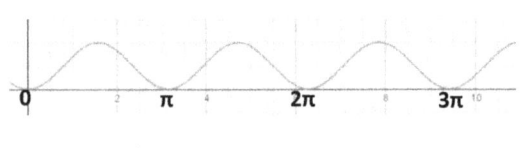

   $\sin^2(x) = 0$

   The solutions are at $0, \pi, 2\pi, 3\pi, 4\pi \ldots$

   so $n \cdot \pi$, where n is integer is the solution

6. **E**

   Method: **Solve**

   $\dfrac{2\sqrt{x}}{\sqrt{x}+1} = 2 \rightarrow 2\sqrt{x} = 2\sqrt{x} + 2$

   $0 = 2 \rightarrow \underline{\text{no solution}}$

7. **E**

Method: **Use formula**

Square both side

$\sec\theta = \sqrt{a} \rightarrow \sec^2\theta = a$

use formula: $\tan^2\theta = \sec^2\theta - 1$

$\tan^2\theta = a - 1$

8. **B**

Method: **Use formula**

0.02, 0.002, 0.0002 ....

First term $a_1 = 0.02$, $r = 0.1$ or 10^{-1}

$a_n = a_1 \cdot r^{n-1} \rightarrow a_n = 0.02(10^{-1})^{n-1}$

simplify $\rightarrow a_n = (0.2)(10^{-n})$

9. **E**

Method: **Evaluate**

D x C is possible because

Column of D = Row of C

D x C has a dimension of 3 by 1

DC x B is possible because

Column of DC = Row of B

DCB has a dimension of 3 by 4

10. **E**

Method: **Evaluate and Simplify**

$\lim_{n \to \infty}\left(1 - \frac{1}{n}\right)^2 = (1 - \frac{1}{\infty})^2 = (1 - 0)^2 = \underline{\underline{1}}$

11. **C**

Method: **Evaluate**

$f(x) = e^{x+1} - e^{-x} \rightarrow y = e^{x+1} - e^{-x}$

$f^{-1}(0) = ?? \rightarrow$ if $y = 0$ then $x = ??$

$y = e^{x+1} - e^{-x}$

$0 = e^{x+1} - e^{-x}$

$e^{-x} = e^{x+1} \leftarrow$ same base so power are equal

$-x = x + 1 \rightarrow -2x = 1 \rightarrow x = \underline{-0.5}$

12. **B**

Method: **Graph**

$y = 7 - 3\cos(x - \pi)$

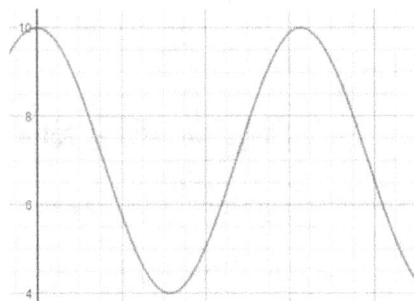

Maximum value of Y is 10

13. **D**

Method: **Evaluate**

$2x + 4y - 3z = 12$

at $(0, 0, a) \rightarrow 2(0) + 4(0) - 3a = 12$

$a = -4$

at $(0, b, 0) \rightarrow 2(0) + 4b - 3(0) = 12$

$b = 3$

at $(c, 0, 0) \rightarrow 2c + 4(0) - 3(0) = 12$

$c = 6$

$a + b + c = -4 + 3 + 6 = \underline{5}$

14. **E**

Method: **Graph and Evaluate**

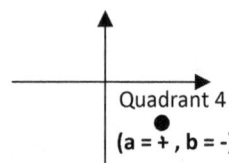

We know that $x = a = +$ and $y = b = -$

I. $a \cdot b \geq 0 \rightarrow (+)(-) = $ negative ≥ 0 $\rightarrow$ **False**

II. $a \div b > 0 \rightarrow (+) \div (-) = $ negative > 0 $\rightarrow$ **False**

III. $a + b < 0 \rightarrow (+)+(-) = $ positive < 0 $\rightarrow$ **False**

or

III. $a + b < 0 \rightarrow (+)+(-) = $ negative < 0 $\rightarrow$ **True**

Case III will be true for $|b| > a$ but the question says MUST BE so all the cases fail to be true.

15. **C**

Method: **Graph out and Evaluate**

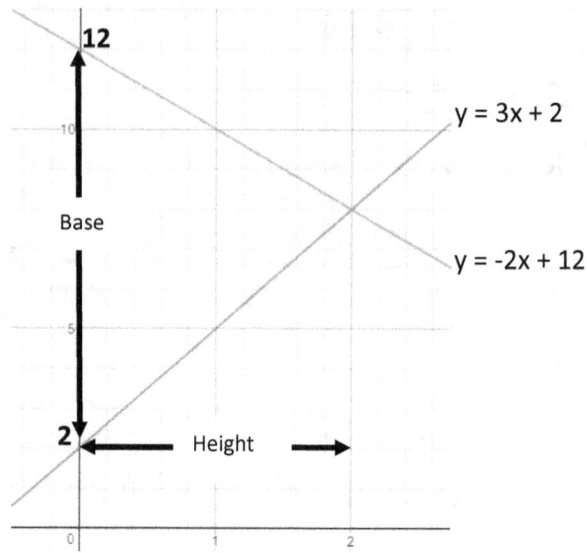

Base = 12 - 2 = 10

Height = 2 - 0 = 2

Area = 0.5 x 10 x 2 = 5

16. **E**

Method: **Graph**

$x = y^2 - 6y + 12$ $\rightarrow$ complete the square for vertex

$x = (y - 3)^2 + 3$ $\rightarrow$ vertex at (3, 3)

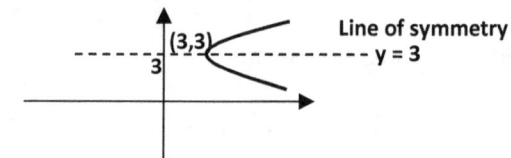

17. **A**

Method: **Evaluate using formula**

(r, θ) → (r·cosθ, r·sinθ)

(2, 300°) → (2·cos300, 2·sin300)

= **(1, -√3)**

18. **C**

Method: **Simplify**

ay = 2ax + a² → y = 2x + a

Slope = 2

Slope of perpendicular = -1/2 or = -0.5

The only equation with this slope is

y = - 0.5x

19. **C**

Method: **Draw out and Evaluate**

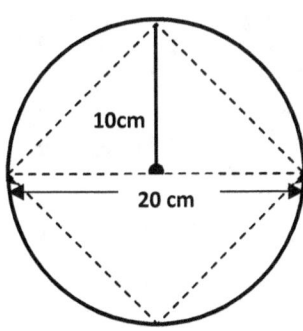

Volume = $\frac{1}{3}$ x base area x height

Volume = $\frac{1}{3}$ x (20)² x 10 = **1333** cm³

20. **D**

Method: **Graph**

The asymptote(s) of $h(x) = \frac{x+1}{1-x}$

Since x ≠ 1 so vertical asymptotes is **x = 1**

Since y ≠ -1 so horizontal asymptotes is **y = -1**

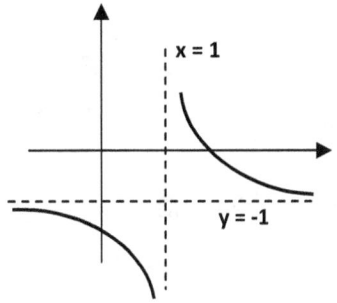

21. **C**

Method: **Solve**

$\sqrt[3]{-\frac{24}{3b^2}} = -8$ ← simplify and cube both side

$\sqrt[3]{-\frac{8}{b^2}} = -8$ → $b^2 = \frac{1}{64}$ → b = ± $\frac{1}{8}$

22. **A**

Method: **Solve or Graph out**

integers are in the solutions of |(x - 3)² - 4| ≤ 3

are {1,2,4 and 5} so there are **four solutions** only

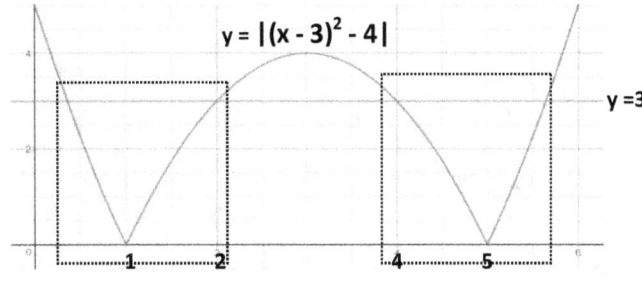

61 | P a g e

SAT MATH LEVEL 2 Practice-Test

23. **E**

Method: **Plug into the formula**

$\log_2 x = b \rightarrow 2^b = x$

$\log_2 y = c \rightarrow 2^c = y$

$2xy = 2(2^b)(2^c) = 2^{1+b+c}$

$= 2^{b+c+1}$

24. **A**

Method: **Evaluate using formula**

Vector A = **-3i + 5j -3k**

Vector B = **i + (p+3)j - 6k**

Perpendicular means A·B = 0

$\begin{pmatrix} -3 \\ 5 \\ -3 \end{pmatrix} \cdot \begin{pmatrix} 1 \\ p+3 \\ -6 \end{pmatrix} = 0$

-3(1) + 5(p+3) + (-3)(-6) = 0

-3 + 5p + 15 + 18 = 0

p = -6

25. **D**

Method: **Simplify**

$x = \ln(t) \rightarrow e^x = e^{\ln(t)} \rightarrow t = e^x$

Put **t = e^x** in y

$y = t^2 - 2 \rightarrow y = (e^x)^2 - 2$

$y = e^{2x} - 2$

26. **C**

Method: **Simplify using formula**

the roots are 1 and -3 put them in the formula

$y = (x - 1)^2(x + 3)$ ← the y-intercept is +3

27. **A**

Method: **Evaluate**

Using remainder theorem

$R(x) = ax^3 + 2x^2 - 18 \rightarrow R(3) = 9$

$9 = a(3)^3 + 2(3)^2 - 18$

$27a = 9$

a = **1/3**

28. **D**

Method: **Plug into the formula**

sec (x) = 1.25 ↘ fraction

$\sec(x) = \dfrac{hyp}{adj} \rightarrow \sec(x) = \dfrac{5}{4}$

Draw out triangle

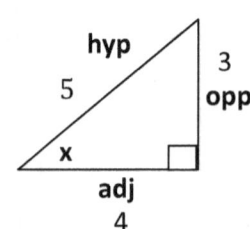

$\cot(x) = \dfrac{adj}{opp} = \dfrac{4}{3} = 1.33$

29. **E**

Method: **Evaluate using formula**

the coefficient of $\frac{1}{x}$ or x^{-1} = ??

$(2x^{-1} - x)^3 = 1(2x^{-1})^3 - 3(2x^{-1})^2(x)^1 + ...$

$\qquad = ... -3(4x^{-2})(x) + ...$

$\qquad = ... -12 x^{-1} + ...$

the coefficient of $\frac{1}{x}$ or x^{-1} = **-12**

30. **E**

Method: **Simplify by expansion**

$(2 + i)^2(2 - i)^2 = (2^2 + 2(2)(i) + i^2)(2^2 - 2(2)(i) + i^2)$

$= (4 + 4i - 1)(4 - 4i - 1) = (3 + 4i)(3 - 4i)$

$= (3^2 - (4i)^2) = (9 - (-16)) = \underline{25}$

31. **D**

Method: **Evaluate**

$\dfrac{n!}{(n-2)!} = 20$

$\dfrac{n(n-1)(n-2)!}{(n-2)!} = 20$

$n(n-1) = 20$

$n^2 - n - 20 = 0$

$(n-5)(n+4) = 0$

$\boxed{n = 5}$ and $n = -4$

32. **D**

Method: **Graph**

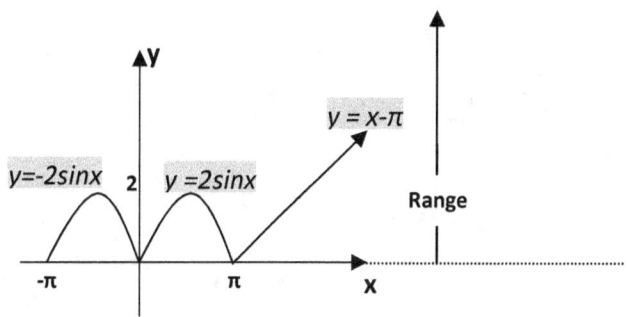

Range : $f(x) \geq 0$

33. **D**

Method: **Plug into the formula**

We know that f(x) is a linear equation with a slope of 1 and y-intercept of 2

$f(x) = x + 2$

And g(x) is a root function reflected on x-axis

$g(x) = -\sqrt{x}$

Therefore, $f(g(x)) = f(-\sqrt{x}) = -\sqrt{x} + 2$

34. **D**

Method: **Evaluate**

cot(a·x - b) + d → period of cot(x) is same as tan(x)

Period = $\dfrac{\pi}{a}$

35. E

Method: **Plug in value of x**

use short-cut by letting x = 0

$\dfrac{1-\frac{3x}{x-2}}{1+\frac{3}{x^2-4}}$ → put x = 0 → 4

(A) $\dfrac{2x+2}{2x-1}$ → put x = 0 → -2

(B) $\dfrac{2x-2}{2x+2}$ → put x = 0 → -1

(C) $\dfrac{2x+4}{2x-1}$ → put x = 0 → -4

(D) $\dfrac{-2x+2}{x+1}$ → put x = 0 → 2

(E) $\dfrac{-2x-4}{x-1}$ → put x = 0 → 4

36. A

Method: **Evaluate using formula**

arithmetic sequence formula

$U_n = U_1 + (n-1)d$

$U_5 = U_1 + (5-1)d$ → $-9 = U_1 + 4d$

minus

$U_{10} = U_1 + (10-1)d$ → $\underline{-19 = U_1 + 9d}$

$10 = -5d$ → $d = -2$

Put d = -2 in U_5 equation to find U_1

$-9 = U_1 + 4d$ → $-9 = U_1 + 4(-2)$

$U_1 = -1$

37. A

Method: **Simplify by factorizing**

$25x^2 + 100x + 36y^2 - 216y = 476$

use completing the square method

$25(x^2 + 4x\ \ ) + 36(y - 6y\ \ ) = 476$

$25(x+2)^2 + 36(y-3)^2 = 900$

$\dfrac{(x+2)^2}{36} + \dfrac{(y-3)^2}{25} = 1$

$a^2 = 36$ and $b^2 = 25$

$c^2 = a^2 + b^2$ → $c^2 = 36 + 25$ → $c = 7.81$

Equation of focus (h ± c , k) → (-2 ± 7.81, 3)

Focus → (-9.81, 3) , (5.81, 3)

38. E

Method: **Evaluate**

f(x) = ln(x+5) + ln(2)

step 1: y = ln(x+5) + ln(2)

Step 2 (swap x to y): x = ln(y+5) + ln(2)

x = ln(2y + 10)

Step 3 (make y the subject):

$e^x = e^{\ln(2y + 10)}$

$e^x = 2y + 10$

$y = (e^x - 10)/2$

$f^{-1}(x) = \dfrac{e^x}{2} - 5$

39. A

Method: **Evaluate**

I. The mean of the set is always greater than standard deviation → **This is always TRUE**

II. The variance is always greater than standard deviation → **var = s.d.^{2} (not always true)**

III. Mode is always greater than the mean
→ **Not necessary always true**

40. B

Method: **Evaluate using formula**

Probability that Lee passes a math exam is 0.2

Probability that Lee fails a math exam is 0.8

Probability that Lee fails a chem. exam is 0.3

Probability that Lee passes chem. exam is 0.7

P(Lee pass at least one exam)

$$= 1 - P(\text{fail all})$$
$$= 1 - P(\text{fail math}) \times P(\text{fail chem})$$
$$= 1 - 0.8 \times 0.3$$
$$= 1 - 0.24 = \underline{0.76}$$

41. D

Method: **Evaluate using formula**

Total money = principal · (1 + rate)^{time}

$$8000 = 4000\,(1+0.05)^{time}$$
$$2 = 1.05^{time}$$
$$\ln(2) = \ln(1.05^{time})$$
$$time = 14.2 \text{ years}$$

It will take about **14 years** for the money to double its values.

42. D

Method: **Simplify**

$\dfrac{a}{b} = ??$

$\dfrac{\sqrt{a} \times b}{a \times \sqrt{b}} = \dfrac{10}{20}$ →[square both side] $\dfrac{\sqrt{b}}{\sqrt{a}} = \dfrac{1}{2}$ → $\dfrac{b}{a} = \dfrac{1}{4}$

$\dfrac{a}{b} = 4$

43. E

Method: **Solve by listing**

Let $x < y < z$

$y = 2x$, $z - x = 5$ → $z = 5 + x$, $z = ??$

$\dfrac{x+y+z}{3} = 12$ → Put y=2x in → $x + 2x + z = 36$

$3x + z = 12$ → Put z = 5+x in → $3x + 5 + x = 36$

$4x = 36 - 5$ → $x = 7.75$

$z = 5 + x$ → $z = 5 + 7.75 = \underline{12.75}$

44. **A**

Method: **Evaluate the area**

Area of trapezium = $\frac{1}{2}$ x base ($h_1 + h_2$)

Area = 0.5 x a x (4 + f(a)) = 0.5a(4 + 28)

32 = 0.5a(32) → a = 2

y-intercept = 4, slope = $\frac{rise}{run} = \frac{28-4}{2-0} = 12$

Equation of f(x) = **12x + 4**

$(\sqrt{5}+1)(X) = 4$

$X = \frac{4}{\sqrt{5}+1}$

$X = \frac{4}{\sqrt{5}+1} \cdot \frac{\sqrt{5}-1}{\sqrt{5}-1} = 4(\frac{\sqrt{5}-1}{4})$

$X = \sqrt{5} - 1$

45. **B**

Method: **Solve**

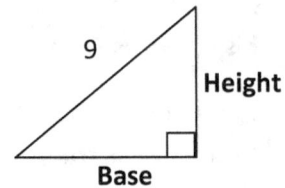

We know that

Area = 24 → 0.5 x base x height = 24

So, Base x Height = 48 and Base² + Height² = 9²

(Base + Height)² = Base² + Height² + 2Base x Height

= 9² + 2 (48)

(Base + Height)² = 177

Base + Height = $\sqrt{177}$

Perimeter = 9 + Base + Height = 9 + $\sqrt{177}$

46. **D**

Method: **Graph**

f(x) = $\sqrt{x^2 - 4}$

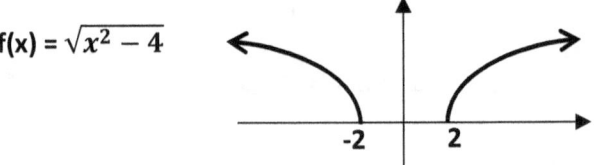

Domain: x ≤ -2 and x ≥ 2

47. **D**

Method: **Simplify using formula**

sin (A - B) = sinAcosB - cosAsinB

sin (x - 3π) = sinx·cos(3π) - cox·sin(3π)

sin (x - 3π) = sinx (-1) - cosx (0) = **- sinx**

48. **A**

Method: **Evaluate**

$f(x) = \frac{2(x-5)}{x(x-1)} = \frac{2x-10}{x^2-x}$ then let $A = x$

if $f(A) = \frac{2A-10}{A^2-A}$ then let $A = e^x$

So $A = g(x) = e^x$

49. **C**

Method: **Solve**

$x - 9 = 2(\sqrt{x} + 3) \rightarrow x - 2\sqrt{x} - 15 = 0$

Factor $\rightarrow (\sqrt{x} - 5)(\sqrt{x} + 3) = 0$

$\sqrt{x} = 5 \rightarrow \boxed{x = 25}$

$\sqrt{x} = -3 \rightarrow x = 9$

If we put x = 25 back we get the real solution

50. **B**

Method: **Evaluate using formula**

$|7 - i| \rightarrow$ modulus $= \sqrt{7^2 + 1^2} = \sqrt{50} = 5\sqrt{2}$

Score Range

Raw Score	Conversion
47 - 50	800
42 - 46	750 - 790
38 - 41	720 - 740
34 - 37	690 - 710
30 - 33	650 - 680
26 - 29	590 - 640
23 - 27	540 - 580
18 - 22	510 - 530
13 - 17	450 - 500
7 - 11	400 - 440

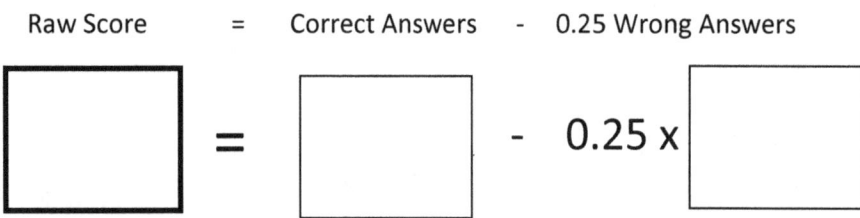

Raw Score = Correct Answers - 0.25 Wrong Answers

☐ = ☐ - 0.25 x ☐

TEST 4

Difficulty level: ★★★★   Time: 60mins

1. What is the distance from the origin to point A (9,12) ?

   (A)   15
   (B)   16
   (C)   18
   (D)   21
   (E)   25

2. If $(x + 2)^2 = (x - 2)^2$ then what value of x will make the statement true ?

   (A)   -2 only
   (B)   2 and -2 only
   (C)   -4 only
   (D)   0 only
   (E)   no real result

3. Which of the following equation has an x-intercepts of 5 and y-intercept of -5 ?

   (A)   y - x + 5 = 0
   (B)   y + x - 5 = 0
   (C)   5x + 5y = 1
   (D)   5x - 5y = 1
   (E)   5x = 5y

4. A parallelogram with one angle equal to 40° has a perpendicular height equal to half of its base.   If the area is equal to 72 cm² then what is the perimeter of this parallelogram ?

   (A)   72
   (B)   42.66
   (C)   21.33
   (D)   18.44
   (E)   9.33

5. If $\frac{2\sqrt{a+b}}{3} = 1$, then $(a + b)^2 =$

   (A) $\frac{3}{2}$
   (B) $\frac{9}{4}$
   (C) $\frac{81}{16}$
   (D) $\frac{\sqrt{3}}{\sqrt{2}}$
   (E) $\frac{2}{3}$

6. If $\sin^2(x) = \cos^2(x)$, then x equal to

   (A)   0.25·n·π , n is a whole number
   (B)   0.5·n·π , n is a whole number
   (C)   0.5·(n+1)·π , where n is an integer
   (D)   n·π , where n is an integer
   (E)   0.25·(2n+1)·π , n is a whole number

69 | Page

SAT MATH LEVEL 2 Practice-Test

TEST 4

Time: 53mins

7. If f(x) = 2ln(x-1) and g(x) = e^x + 1 then fg(4) =

(A) 2

(B) 4

(C) 8

(D) 16

(E) 20

8. If $ax^3 + bx^2 + x - 5$ has roots equal to **5** and *i* then the value of **a + b = ?**

(A) -6

(B) -5

(C) -4

(D) 5

(E) 6

9. The graph of $f(x) = x^2 + 2x + 1$ is translated vertically +4 units and horizontally -3 units, the vertex of will now be at

(A) (4, -4)

(B) (-4, 4)

(C) (-4, -4)

(D) (4, 4)

(E) (0, 4)

10. The limit of $\lim_{x \to \infty}(e^{-x} + 3)^2 =$

(A) ∞

(B) 3

(C) -3

(D) 9

(E) Does not exist

11. How many ways can 8 people can be lineup given that the tallest should stand in front and the shortest should stand the end ?

(A) 24

(B) 60

(C) 720

(D) 1680

(E) 40320

12. The graph has an equation of **y = a·sin(bx +c)**. Which of the following is the value of **b** ?

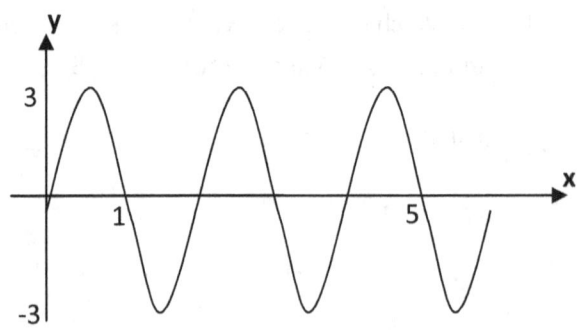

(A) 1/2   (B) 2

(C) π/2   (D) π

(E) 5

70 | P a g e

SAT MATH LEVEL 2 Practice-Test

TEST 4

Time: 46mins

13. The graph of rational function $y = \dfrac{8}{x^2 - 5x - 14}$ has vertical asymptote of x =

(A) -14
(B) -2
(C) -7
(D) -2 and 7
(E) -7 and 2

14. Triangle ABC has the side of length 5, 12 and 13. To the nearest degree what is the measure of the smallest angle of triangle ABC ?

(A) 20
(B) 23
(C) 27
(D) 33
(E) 40

15. A toy rocket fired up into the air is modeled by a function $h(t) = 5t - t^2$, where h represents the height of the rocket and t represents the time in second. At what time will the rocket reach the maximum height ?

(A) 5 seconds
(B) 3 seconds
(C) 2.5 seconds
(D) 2 seconds
(E) 1.5 seconds

16. A circle with equation $(x - 3)^2 + (y - k)^2 = 9$, cuts the y-axis at 2.

Which of the following is a possible value of k ?

(A) 2
(B) $\sqrt{2}$
(C) 3
(D) $\sqrt{3}$
(E) 0

17. If u and v are the domain of a function g and g(u) < g(v), which of the following must be true ?

(A) u = 0
(B) u < v
(C) u > v
(D) u = v
(E) u ≠ v

18. If two spheres of radius 3 cm and 5 cm are drawn inside a rectangular solid. What is the possible volume of this rectangular solid ?

(A) 162 π
(B) 375
(C) 865
(D) 203 π
(E) 1600

SAT MATH LEVEL 2 Practice-Test

TEST 4

Time: 39mins

19. Let **a** be a constant, the line tangent to the vertex of **y = (x -a)² + 3a** has the equation of

   (A) y = -a

   (B) y = 3a

   (C) y = -3ax - a

   (D) x = - a

   (E) x = a

20. If $\sqrt[5]{-\frac{32}{x^{15}}} = -16$ then x =

   (A) $-\frac{1}{2}$

   (B) $-\frac{1}{4}$

   (C) $\frac{1}{2}$

   (D) $\frac{1}{4}$

   (E) 4

21. Thirty people in the group loves chocolate flavor ice-cream and twenty-five people loves bubble-gum flavor ice-cream. If there were fifty people in the group and 5 people do not loves chocolate or bubble-gum flavor ice-cream, then what is the probability of picking a person that loves only chocolate flavor ?

   (A) $\frac{1}{2}$

   (B) $\frac{1}{5}$

   (C) $\frac{2}{5}$

   (D) $\frac{3}{5}$

   (E) $\frac{1}{6}$

22. What is the sum of the sequence $1, 5^{-1}, 5^{-2}, 5^{-3}, \ldots$?

   (A) 5

   (B) $\frac{1}{5}$

   (C) $\frac{4}{5}$

   (D) $\frac{5}{4}$

   (E) $\frac{5}{3}$

23. What is the equation of the line that is perpendicular to line 3x + 2y = 12 ?

   (A) 2x - 3y = 9

   (B) 3x -2y = -3

   (C) -2x - 3y = 3

   (D) 3x = -12

   (E) -2y = 4

24. Vector A has a component of **i + 5j -2k** and vector B has a component of **4i + (p+3)j - 8k**, given that both vectors are parallel to each other. Find the value of **p**.

   (A) 2

   (B) 5

   (C) 8

   (D) 12

   (E) 17

SAT MATH LEVEL 2 Practice-Test

TEST 4

Time: 32mins

25. The range of graph $2\cos(x - \pi) - 9$ is

(A) [-9, -7]

(B) [-7, 7]

(C) [-9, -7]

(D) [-7, 9]

(E) [-11, -7]

26. If $x = e^t$ and $y = t - 9$ then the Cartesian equation is y =

(A) e^{x+9}

(B) $e^x + 9$

(C) $\ln(x) - 9$

(D) $e^x - 9x$

(E) $9 - \ln(x)$

27. The graph of $f(x) = x^2(x^2 - 4)$ has a minimum value of when x =

(A) 0

(B) -2

(C) -1.414

(D) 2

(E) 4

28. The remainder when $x^3 + 4x^2 + 2x - 1$ is divided by $(x + 1)$ is R, R = ?

(A) -2

(B) -1

(C) 0

(D) 1

(E) 4

29. The eight term of arithmetic sequence is $\sqrt{5}$ and the tenth term is $3\sqrt{5}$, the first term is equal to

(A) $-6\sqrt{5}$

(B) $-3\sqrt{5}$

(C) $-\sqrt{5}$

(D) $\sqrt{5}$

(E) 5

30. For $0 < \theta < \pi$ the value of $5\cos^2(\theta) + 5\sin^2(\theta) =$

(A) 0.5

(B) 1

(C) 2.5

(D) 5

(E) 10

SAT MATH LEVEL 2 Practice-Test

TEST 4

Time: 25mins

31. The value of | 8 - 6*i* | is equal to

(A) 14*i*

(B) 14

(C) 10*i*

(D) 10

(E) 2 *i*

32. What is the value of the coefficient of x^3 in the expansion of $(2 + 3x)^6$?

(A) 2160

(B) 4320

(C) 4860

(D) 2916

(E) 729

33. If (n - 2)! = (n - 3)! · 4! , then n =

(A) 26

(B) 24

(C) 23

(D) 21

(E) 18

34. A car depreciates its value by 10% each year after the first year, given that the first year it's price goes down by 30%. If Jill bought a BMW M4 for fifty-thousand dollar and drive it for 4 years, how much would it worth ?

(A) 32805

(B) 31280

(C) 28790

(D) 25515

(E) 22964

35. cos(arctan(0.25)) =

(A) 4.12

(B) 1.03

(C) 0.97

(D) 0.71

(E) 0.25

36. If $\log_a 312 = 7$, then a =

(A) 4.22

(B) 2.27

(C) 1.76

(D) 0.79

(E) 0.52

74 | P a g e

SAT MATH LEVEL 2 Practice-Test

TEST 4

Time: 19mins

37. Given that

$$f(x) = \begin{cases} e^x & , x < 1 \\ \ln(x) & , 1 \le x < 10 \\ \ln(e^{-x+10}) & , x \ge 10 \end{cases}$$

What is the range of f(x) ?

(A) $0 \le f(x) < \infty$

(B) $-\infty < f(x) \le 0$

(C) $-\infty < f(x) < \infty$

(D) $f(x) > \ln(10)$

(E) $\ln(10) > f(x)$

38. Which of the following statement must be true about the data set {1,2,2,3,3,3,4,4,4,4}?

     I. The range of the data is 4

     II. The variance is less than the mean

     III. The mean is equal to 3

(A)   I only

(B)   II only

(C)   III only

(D)   I and II only

(E)   II and III only

39. If the inverse of f(x) is equal to f(x), then f(x) =

(A) |x|

(B) x^{-1}

(C) $\sqrt{x}$

(D) x^2

(E)   sin(x)

40. The equation of the circle

$(x-3)^2 + (y-4)^2 = 36$ crosses the x-axis at

(A)   (-1.196, 0)   and   (7.472 ,0)

(B)   (-1.196, 0)   and   (9.196, 0)

(C)   (-7.472, 0)   and   (1.472, 0)

(D)   (0, -1.916)   and   (0, 9.196)

(E)   (-1.472, 0)   and   (7.472, 0)

41. If $x_0 = 0.5$ and $x_{n+1} = (x_n)^2 (x_n + 2)$ then to the nearest integer $x_4 =$

(A)   52

(B)   46

(C)   12

(D)   3

(E)   1

SAT MATH LEVEL 2 Practice-Test

TEST 4

Time: 12mins

42. If sin(CAB) = 0.5x, then the area of right triangle ABC is

(A) $(\sqrt{4-x^2})x$

(B) $(\sqrt{4+x^2})x$

(C) $(0.5)(\sqrt{4-x^2})x$

(D) $(\sqrt{4-x^2})2x$

(E) $(\sqrt{4+x^2})2x$

43. If g(x) = log (3x+1) then $g^{-1}(2)$ =

(A) 7

(B) 10

(C) 12

(D) 26

(E) 33

44. If $y + 10 = (\sqrt{y} - 8)^2$, then $\sqrt[6]{y}$ =

(A) - 1.5

(B) 1.5

(C) -3.375

(D) 3.375

(E) 6.225

45. The graph **y = 3x - 2** can be expressed as a set of parametric equations. If **x = 2 - t** and **y = f(t)** then **f⁻¹(t) =**

(A) 4 – 3t

(B) 3 + 4t

(C) $\frac{4+t}{3}$

(D) $\frac{3-t}{4}$

(E) $\frac{4-t}{3}$

46. tan(x - π) =

(A) -tan x

(B) tan x

(C) cot x

(D) - 1

(E) 1

47. If $f(g(x)) = \frac{\ln(x+3)}{2\ln(x+3)}$ and $f(x) = \frac{\ln(x)}{\ln(x^2)}$

then g(x) =

(A) 3 - x

(B) 3x

(C) x - 3

(D) x^2 - 3

(E) x + 3

TEST 4

Time: 5mins

48. Find $f^{-1}(6)$

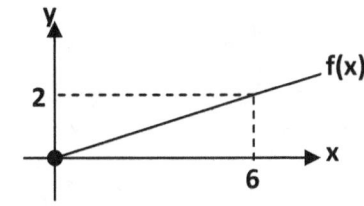

(A) 24

(B) 18

(C) 12

(D) 8

(E) 6

49. The graph of $y = -x^3 + 12x - 9$ has ?

(A) 3 distinct real roots

(B) 3 distinct imaginary roots

(C) 2 distinct real roots and 1 imaginary root

(D) 2 distinct imaginary roots and 1 real root

(E) 1 real root only

50. The edge of the cube has a length of 5 cm, if a rectangle is to be drawn inside the cube then what is the maximum possible area of this rectangle ?

(A) $35\sqrt{2}$

(B) $25\sqrt{2}$

(C) 35

(D) 25

(E) 12.5

END OF TEST 4

TEST 4 - Answer Key

1. **A**

Method: **Plug into the formula**

distance from the origin(0,0) to point A (9,12)

$dist = \sqrt{(9-0)^2 + (12-0)^2} = 15$

2. **D**

Method: **Expand and Solve**

$(x + 2)^2 = (x - 2)^2$

$x^2 + 4x + 4 = x^2 - 4x + 4$

$8x = 0$

$x = 0$

3. **A**

Method: **Plug into the formula**

x-intercepts of 5 → (5 , 0)

y-intercept of -5 → (0, - 5) → c = -5

$y = mx + c$

find the slope (m)

$m = \frac{y_2 - y_1}{x_2 - x_1} = \frac{-5-0}{0-5} = 1$

y = 1x - 5 → y - x + 5 = 0

4. **B**

Method: **Solve by drawing**

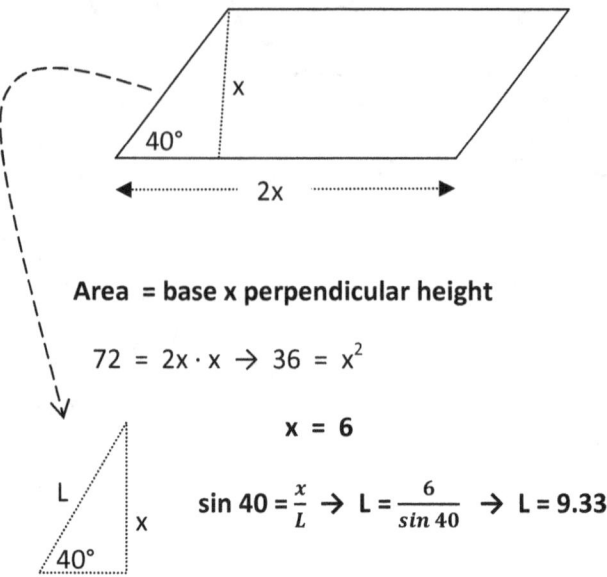

Area = base x perpendicular height

72 = 2x · x → 36 = x^2

x = 6

$\sin 40 = \frac{x}{L}$ → $L = \frac{6}{\sin 40}$ → L = 9.33

Perimeter = 9.33 + 12 + 9.33 + 12 = **42.66**

5. **C**

Method: **Solve**

$\frac{2\sqrt{a+b}}{3} = 1$ → $\sqrt{a+b} = \frac{3}{2}$

square both side → $a + b = \frac{9}{4}$

square again → $(a+b)^2 = \boxed{\frac{81}{16}}$

6. **E**

Method: **Graph out**

$y_1 = \sin^2(x)$ and $y_2 = \cos^2(x)$

$y_1 = y_2$

$\sin^2(x) = \cos^2(x)$

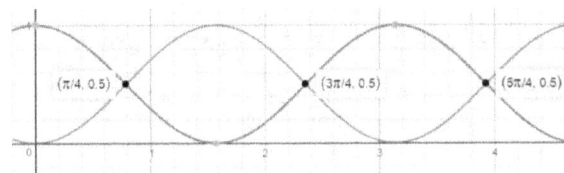

solutions: $x = \{0.25\pi, 0.75\pi, 1.25\pi ...\}$

$x = \{0.25(1)\pi, 0.25(3)\pi, 0.25(5)\pi ...\}$

therefore **$0.25 \cdot (2n+1) \cdot \pi$**, where n is an integer

7. **C**

Method: **Evaluate**

$fg(4) = ??$

$g(x) = e^x + 1 \rightarrow g(4) = e^4 + 1$

$f(g(4)) = f(e^4 + 1) = 2\ln(e^4 + 1 - 1)$

$= 2\ln(e^4) = 2(4)\ln(e) = 8$

8. **C**

Method: **Use formula**

$ax^3 + bx^2 + x - 5$ has roots equal to **5** and **i**

$ax^3 + bx^2 + x - 5 = (x-5)(x-i)(x+i)$

$ax^3 + bx^2 + x - 5 = x^3 - 5x^2 + x - 5$

Equating the terms $\rightarrow$ a = 1 and b = -5

a + b = 1 + (-5) = **- 4**

9. **B**

Method: **Graph and translate**

$f(x) = x^2 + 2x + 1 \rightarrow f(x) = (x+1)^2$

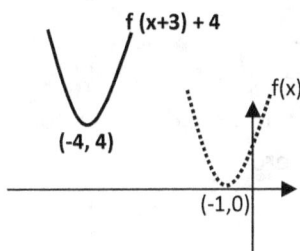

f(x) translated vertically +4 units $\rightarrow$ (-1, 4)

horizontally -3 units $\rightarrow$ **(- 4, 4)**

10. **D**

Method: **Evaluate and Simplify**

$\lim_{x \to \infty}(e^{-x} + 3)^2 = (\frac{1}{e^\infty} + 3)^2 = (0+3)^2 = \underline{\mathbf{9}}$

11. **C**

Method: **Evaluate**

1ST, 2nd, ... 7th, 8th

Tallest, ...second to seventh... , Shortest

1   x {   6 !   } x   1

=   720 ways

12. **D**

Method: **Plug in using formula**

From the graph we know **period = 2**

and **period** $= \frac{2\pi}{b}$ $\rightarrow$ $2 = \frac{2\pi}{b}$

b = π

13. **D**

Method: **Evaluate**

Vertical asymptote means x ≠ ?

$$y = \frac{8}{\boxed{x^2 - 5x - 14} \neq 0}$$

so we just factor out the denominator and equate it with zero

$x^2 - 5x - 14 = 0$ → $(x - 7)(x + 2) = 0$

the asymptotes are **x = 7** and **x = -2**

14. **B**

Method: **Draw and Evaluate**

Draw out triangle

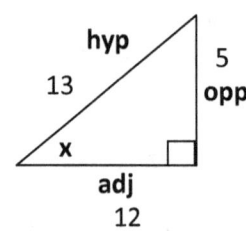

smallest angle is opposite to side length of 5

use $\sin \theta = \frac{5}{13}$ → θ = 22.6° ≈ 23

15. **C**

Method: **Graph out and Evaluate**

$h(t) = 5t - t^2$

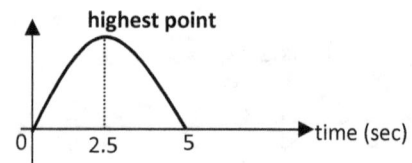

The rocket reaches highest point at **t = 2.5** s

16. **A**

Method: **Evaluate**

cuts the y-axis at 2 → x = 0 and y = 2

Plug in (0,2) → $(x - 3)^2 + (y - k)^2 = 9$

$(-3)^2 + (2 - k)^2 = 9$

$(2 - k)^2 = 0$

k = 2

17. **E**

Method: **Evaluate**

u and v are the domain of a function g

If g(u) < g(v) then we know for sure that "u" should not be equal to "v"

so **u ≠ v**

18. E

Method: **Draw out and Simplify**

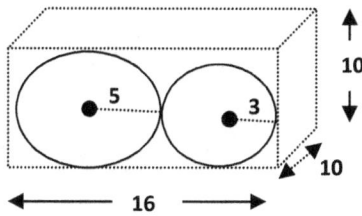

Volume = 16 x 10 x 10 = **1600**

19. B

Method: **Draw out the graph**

$y = (x - a)^2 + 3a$ → vertex (a , 3a)

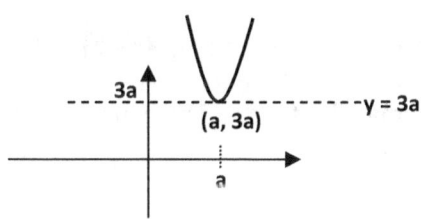

the tangent is **y = 3a**

20. C

Method: **Solve**

$\sqrt[5]{-\frac{32}{x^{15}}} = -16$ → $\sqrt[5]{-\frac{2^5}{x^{15}}} = -16$

$\frac{-2}{x^3} = -16$ → $x = \frac{1}{2}$

21. C

Method: **Solve using Venn diagram**

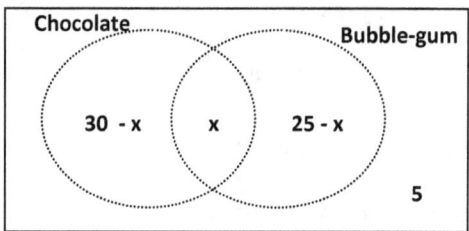

total = 50 people

50 = 30 - x + x + 25 - x + 5

x = 10

probability of picking a person that loves only chocolate flavor = P(choc only)

P(choc only) = $\frac{30-10}{50}$ = $\frac{2}{5}$

22. D

Method: **Evaluate using formula**

$1, 5^{-1}, 5^{-2}, 5^{-3}, ...$

$U_1 = 1$ and $r = \frac{1}{5}$

Sum of infinity term = $\frac{U_1}{1-r}$ = $\frac{1}{1-\frac{1}{5}}$ = $\frac{5}{4}$

23. A

Method: **Plug into the formula**

$3x + 2y = 12$ → $y = -\frac{3}{2}x + 6$

Slope = $-\frac{3}{2}$ → Slope of perpendicular = $\frac{2}{3}$

The only equation with slope of 2/3 is **2x - 3y = 9**

24. E

Method: **Evaluate using formula**

Vector A = i + 5j - 2k

Vector B = 4i + (p+3)j - 8k

We know that **Vector B = 4 Vector A**

Taking the y (j) component

$$(p+3)j = 4 \cdot 5j$$

$$p + 3 = 20$$

$$p = 17$$

25. E

Method: **Graph**

range of graph $2\cos(x - \pi) - 9$

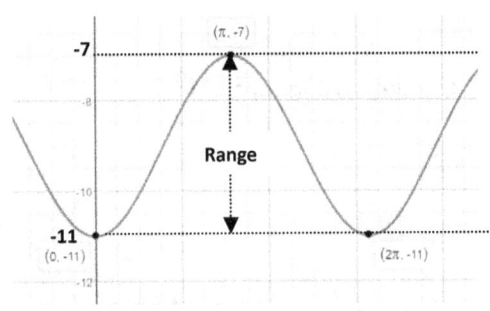

Range : [-11, -7]

26. C

Method: **Simplify**

$x = e^t \rightarrow \boxed{\ln(x) = t}$

$y = t - 9$

$y = \ln(x) - 9$

27. C

Method: **Graph out**

$f(x) = x^2(x^2 - 4)$

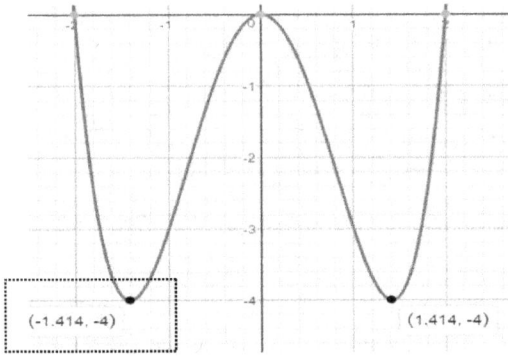

Minimum occurs at **x = -1.414** and x = 1.414

28. C

Method: **Plug into the formula**

$x^3 + 4x^2 + 2x - 1$ is divided by $(x + 1)$

using Remainder theorem plug in **x = -1** to find remainder

$R(-1) = (-1)^3 + 4(-1)^2 + 2(-1) - 1$

$R(-1) = 0$

29. A

Method: **Evaluate using formula**

$U_8 = \sqrt{5} \rightarrow U_8 = U_1 + 7d \rightarrow \sqrt{5} = U_1 + 7d$

minus

$U_{10} = 3\sqrt{5} \rightarrow U_{10} = U_1 + 9d \rightarrow \underline{3\sqrt{5} = U_1 + 9d}$

$$2\sqrt{5} = 2d$$

$d = \sqrt{5} \rightarrow \sqrt{5} = U_1 + 7d \rightarrow \sqrt{5} = U_1 + 7\sqrt{5}$

$U_1 = -6\sqrt{5}$

30. **D**

Method: **Simplify using formula**

We know that $\boxed{\cos^2(\theta) + \sin^2(\theta) = 1}$

$5\cos^2(\theta) + 5\sin^2(\theta) = 5[\cos^2(\theta) + \sin^2(\theta)]$

$= 5[1] = $ **5**

31. **D**

Method: **Evaluate using formula**

$|8 - 6i| = \sqrt{(8)^2 + (-6)^2}$

= **10**

32. **B**

Method: **Expand using formula**

$(2 + 3x)^6 \to (3x + 2)^6 =$

$= \binom{6}{0}(3x)^6 + \binom{6}{1}(3x)^5(2) + \binom{6}{2}(3x)^4(2)^2 + \boxed{\binom{6}{3}(3x)^3(2)^3} + \ldots$

= .... $+ (20)(27x^3)(8) + \ldots$

= .... $+ \mathbf{4320\ x^3} + \ldots$

So the coefficient of x^3 is **4320**

33. **A**

Method: **Expand using formula**

$(n-2)! = (n-3)! \cdot 4!$

$\to (n-2)(n-3)! = (n-3)! \cdot 4!$

$n - 2 = 4 \cdot 3 \cdot 2 \cdot 1 \to$ **n = 26**

34. **D**

Method: **Evaluate using formula**

year 0 → $ 50,000

year 1 → $ (1 - 0.3)·50,000 = $ 35,000

year 2 → $ (1 - 0.1)·35,000 = $ 31,500

year 3 → $ (1 - 0.1)·31,500 = $ 28,350

year 4 → $ (1 - 0.1)·28,350 = $ 25,515

35. **C**

Method: **Draw out and Evaluate**

Let $\arctan(0.25) = x$

$\tan x = 0.25 \to \tan x = \frac{1}{4} \to \tan x = \frac{opp}{adj}$

Draw out triangle

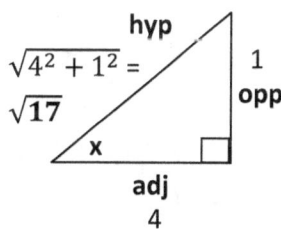

$\cos(\arctan(0.25)) = \cos(x) = \frac{adj}{hyp}$

$\cos(x) = \frac{4}{\sqrt{17}} = \mathbf{0.97}$

36. **A**

Method: **Plug into the formula**

$\log_a 312 = 7 \to a^7 = 312$

$a = 312^{(1/7)} = 2.27$

37. **E**

Method: **Draw out graph**

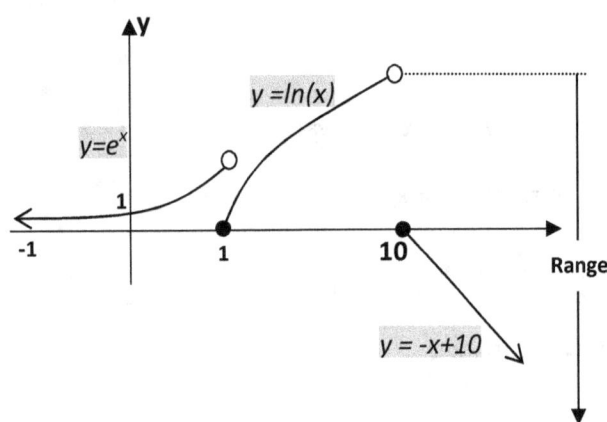

Range : $f(x) < \ln(10)$

38. **E**

Method: **Evaluate**

{1,2,2,3,3,3,4,4,4,4}

Range = 4 -1 = 3 ; mean = 3 ; variance = 1.11

I. The range of the data is 4 → FALSE

II. The variance is less than the mean → TRUE

III. The mean is equal to 3 → TRUE

So only II and III are TRUE

39. **B**

Method: **Evaluate**

	f(x)	$f^{-1}(x)$
A	|x|	x
B	x^{-1}	x^{-1}
C	$\sqrt{x}$	x^2
D	x^2	$\pm\sqrt{x}$
E	sin(x)	$\sin^{-1}(x)$

40. **E**

Method: **Evaluate**

crosses x-axis means y = 0, x = ??

$(x-3)^2 + (y-4)^2 = 36 \to (x-3)^2 + (0-4)^2 = 36$

$(x-3)^2 = 36 - 16 \to (x-3)^2 = 20$

$x = 3 \pm \sqrt{20} \to x = -1.472$ and $x = 7.472$

So it crosses x axis at **(-1.472, 0)** and **(7.472, 0)**

41. **A**

Method: **Evaluate**

$x_0 = 0.5$ and $x_{n+1} = (x_n)^2 (x_n + 2)$ then $x_4 =$

$x_1 = x_0^2 (x_0 + 2) = (0.5)^2 (0.5 + 2) = 0.625$

$x_2 = x_1^2 (x_1 + 2) = (0.625)^2 (0.625 + 2) = 1.024$

$x_3 = x_2^2 (x_2 + 2) = (1.024)^2 (1.024 + 2) = 3.171$

$x_4 = x_3^2 (x_3 + 2) = (3.171)^2 (3.171 + 2) = 51.99$

$x_4 \approx 52$

42. **C**

Method: **Draw out triangle**

sin(CAB) = 0.5x = $\frac{x}{2}$

sin (CAB) = $\frac{opp}{hyp}$

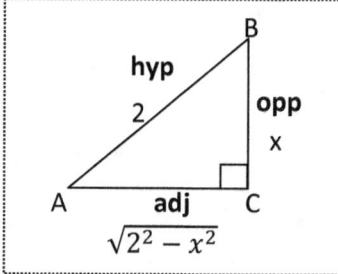

Area = $\frac{1}{2}$ · base · height

Area = $0.5 \cdot \sqrt{4 - x^2} \cdot x$

43. **E**

Method: **Solve by evaluation**

$g^{-1}(2)$ = ?? → means if y = 2 then x = ?

g(x) = log (3x+1)

2 = $\log_{10}$ (3x+1)

10^2 = 3x + 1

3x = 99

x = 33

44. **B**

Method: **Evaluate by expansion**

$\sqrt[6]{y}$ = $y^{\frac{1}{6}}$ = ??

Expand $y + 10 = (\sqrt{y} - 8)^2$

y + 10 = y - 16$\sqrt{y}$ + 64 → -16$\sqrt{y}$ = -54

$\sqrt{y}$ = $\frac{27}{8}$ → $y^{\frac{1}{2}}$ = $\frac{27}{8}$ → cube root both side

$y^{\frac{1}{6}}$ = $\frac{3}{2}$

45. **E**

Method: **Simplify**

Change parameter x to t

y = 3(2-t) - 2 = 6 - 3t -2

y = 4 -3t → Find $f^{-1}(t)$

y = 4 -3t → swap y and t

t = 4 - 3y → make y the subject

y = (t - 4)/ -3

$f^{-1}(t)$ = $\frac{4-t}{3}$

46. **B**

Method: **Evaluate using formula/graph**

tan(x - π) → shift graph of tan(x) to the right by π
we will end up getting the same tan(x) graph

So, tan(x - π) = tan(x)

47. E

Method: **Simplify**

$$f(x) = \frac{\ln(x)}{\ln(x^2)} = \frac{\ln(x)}{2\ln(x)}$$

Let x = A

$$f(A) = \frac{\ln(A)}{2\ln(A)}$$

Let A = g(x)

$$f(g(x)) = \frac{\ln(g(x))}{2\ln(g(x))} \leftarrow f(g(x)) = \frac{\ln(x+3)}{2\ln(x+3)}$$

by comparison we know that

$$\boxed{g(x) = x + 3}$$

48. B

Method: **Evaluate**

We know that f(x) is linear function with the y-intercept of 0 and slope of 1/3

So, $f(x) = \frac{x}{3}$ or $y = \frac{x}{3}$

$f^{-1}(6) = ?? \rightarrow x = ??, y = 6$

$$y = \frac{x}{3}$$

$$6 = \frac{x}{3} \rightarrow x = 18$$

therefore $f^{-1}(6) = 18$

49. A

Method: **Graph out**

$y = -x^3 + 12x - 9$

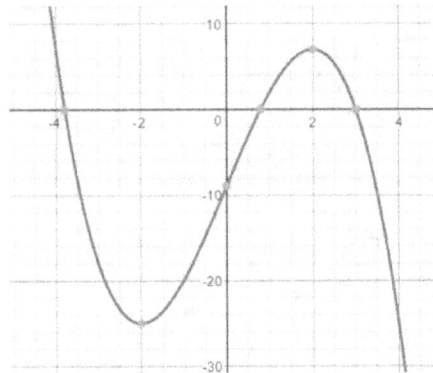

From the graph we can conclude that it had 3 distinct real roots

50. B

Method: **Evaluate using formula**

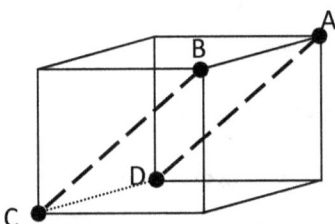

Let ABCD be the plane that contain this rectangle

we know that BC = AD = $\sqrt{5^2 + 5^2}$ = $5\sqrt{2}$

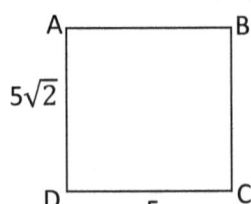

Area = $5 \times 5\sqrt{2}$

Area = $25\sqrt{2}$

Score Range

Raw Score	Conversion
45 - 50	800
40 - 44	750 - 790
36 - 39	720 - 740
30 - 35	690 - 710
25 - 29	650 - 680
20 - 24	590 - 640
16 - 19	540 - 580
12 - 15	510 - 530
9 - 11	450 - 500
5 - 10	400 - 440

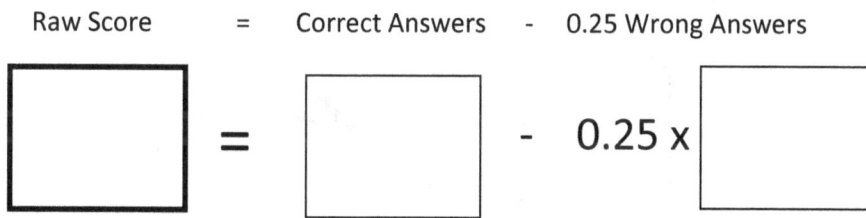

Raw Score = Correct Answers − 0.25 Wrong Answers

TEST 5

Difficulty level: ★★★★★ **Time:** 60mins

1. If $\sqrt{2x} = 12.2$, then x =

   (A) 297.68

   (B) 148.84

   (C) 74.42

   (D) 37.21

   (E) 6.10

2. $\frac{1}{x} + \frac{2}{y} + \frac{3}{z} =$

   (A) $\frac{yz + xz + xy}{xyz}$

   (B) $\frac{yz + 2xz + 3xy}{xyz}$

   (C) $\frac{xz + yz + xy}{xyz}$

   (D) $\frac{xyz}{6}$

   (E) $\frac{6}{xyz}$

3. If $f(x) = x^2 - 3x + a$, then $f(-a) - f(0) =$

   (A) $a^2 + 3a$

   (B) $a^2 + 4a$

   (C) a^2

   (D) $a^2 - 3a$

   (E) $a^2 - 4a$

4. The graph of $y = x^2 - 2x$ cuts the graph of $y = -x + a$ at (a,0). What is the value of a ?

   (A) 16

   (B) 12

   (C) 6

   (D) 2

   (E) -1

5. The domain of $y = \frac{\sqrt{x+3}}{x-3}$ is

   (A) $(3, \infty)$

   (B) $[-3, 3)$

   (C) $[-3, \infty)$

   (D) $[-3, 3) \cup (3, \infty)$

   (E) $(-\infty, -3) \cup (3, \infty)$

6. The value of $(5i - 3)^2 - i =$

   (A) $-25 - 30i$

   (B) $-25 - 31i$

   (C) $16 + 31i$

   (D) $16 - 30i$

   (E) $-16 - 31i$

88 | Page

SAT MATH LEVEL 2 Practice-Test

TEST 5

Time: 52mins

7. If $\sin^2 x - \cos^2 x = 0.25$, then $\sin^4 x - \cos^4 x =$

(A) 0.25
(B) 0.5
(C) 1
(D) 1.25
(E) $\sqrt{3}$

8. What is the equation tangent line at the vertex of graph $f(x) = x^2 - 6x + 13$?

(A) $y = -3$
(B) $y = 4$
(C) $x = -3$
(D) $x = 4$
(E) $y = 4x - 4$

9. The limit of $\lim_{x \to \infty} (5^{-x})^x =$

(A) ∞
(B) 5
(C) 0
(D) -5
(E) Does not exist

10. Which of the following represents the ratio of the sides of a right isosceles triangle ?

(A) 1:1:2
(B) 3:3:4
(C) 4:4:3
(D) $\sqrt{2}:\sqrt{2}:1$
(E) $\sqrt{2}:\sqrt{2}:2$

11. The graph has an equation of $y = a \cdot \cos(bx + c) + d$. Which of the following is the value of **d** ?

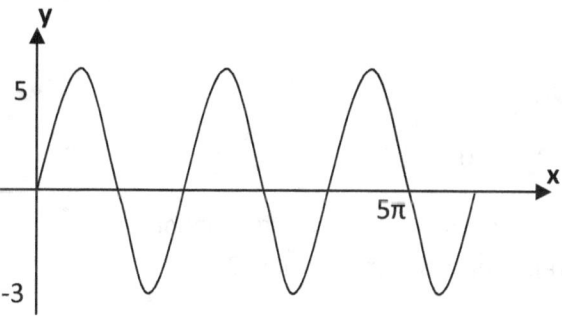

(A) -3
(B) -1
(C) 1
(D) 3
(E) 5

TEST 5

Time: 46mins

12. If $\log_a 4 = 2$ and $\log_b 9 = 0.5$ then $a \cdot b =$

(A) 1
(B) $3\sqrt{2}$
(C) 6
(D) 81
(E) 162

13. Which value(s) of x will make the graph of rational function $y = \dfrac{5x}{x^2 - 5x}$ undefined?

(A) -5
(B) 0
(C) 5
(D) -5 and 0
(E) 0 and 5

14. Which of the following equation best represents the graph below?

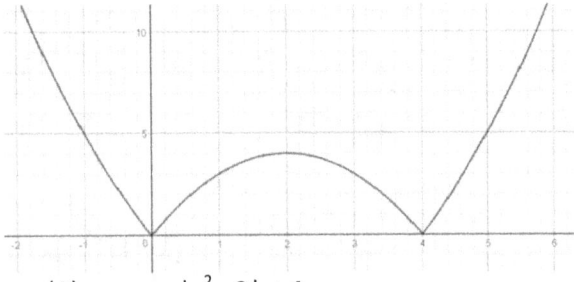

(A) $y = |x^2 - 2| + 4$
(B) $y = |x^2 + 2| - 4$
(C) $y = |(x + 2)^2 + 4|$
(D) $y = |(x - 2)^2 - 4|$
(E) $y = |x - 2|^2 + 4$

15. If first term of arithmetic sequence is $\sqrt{3}$ and the fourth term is $\sqrt{48}$ then the sum of first ten term is equal to

(A) $55\sqrt{3}$
(B) $30\sqrt{5}$
(C) $\sqrt{135}$
(D) $\sqrt{351}$
(E) 99

16. Two congruent cones are inscribe in a sphere of radius 6 cm without the cone overlapping each other. What percentage of the sphere is unoccupied?

(A) 66.7 %
(B) 50.0 %
(C) 45.5 %
(D) 33.3 %
(E) 25.0 %

17. What is the radius of the circle with the equation $x^2 + y^2 - 6x + 6y = -2$?

(A) 2
(B) 4
(C) 5
(D) $\sqrt{2}$
(E) $\sqrt{5}$

TEST 5

Time: 39mins

18. If matrix A has a dimension of r by c and matrix B has a dimension of u by v then which of the following must be true?

   I. AB exist if c = v
   II. BA exist if v = r
   III. If A + B exist then AB is possible

(A) I only
(B) II only
(C) III only
(D) I and III only
(E) II and III only

19. A seven sided dice is tossed two times and the results are added, what is the probability that the sum is a square number?

(A) $\frac{9}{49}$
(B) $\frac{7}{49}$
(C) $\frac{9}{36}$
(D) $\frac{7}{36}$
(E) $\frac{5}{36}$

20. The formula used to calculate the amount of money (M) earned from an investment over a compound interest is $M = P(1.1)^{0.5t}$, where P is the initial investment and t is time. How long would it take for the investment triple its value?

(A) 13
(B) 17
(C) 19
(D) 23
(E) 31

21. What is the distance between the origin and point (3, -3, 3)?

(A) 3
(B) $3\sqrt{2}$
(C) $2\sqrt{3}$
(D) $3\sqrt{3}$
(E) $3\sqrt{5}$

22. The coordinate (4,3) can be written in polar form as

(A) (7, 53°)
(B) (7, 39°)
(C) (7, 101°)
(D) (5, 53°)
(E) (5, 39°)

SAT MATH LEVEL 2 Practice-Test

TEST 5

Time: 33mins

23. A ball fallen from a shelf two meters high bounces back three-quarter of the original height. What is the total vertical distance moved by the ball ?

(A) 6 m

(B) 7 m

(C) 8 m

(D) 12 m

(E) 14 m

24. The graph $y = \ln(\sqrt{x})$ can be expressed as a set of parametric equations. If $t = \sqrt[4]{x}$ and $y = f(t)$ then $f^{-1}(0) =$

(A) 0

(B) 1

(C) 1.5

(D) 10

(E) 10.5

25. If $|x - 5| \leq 12$ and $|2y| \leq 18$ then which of the following is true of $x \cdot y$?

(A) $-153 \leq xy \leq 153$

(B) $-153 \leq xy \leq 63$

(C) $-63 \leq xy \leq 153$

(D) $-63 \leq xy \leq 63$

(E) $-153 \leq xy \leq 0$

26. If $(x^2 + 4)$ divides $x^3 - (ax)^2 + 4x - 16$ then $a = ?$

(A) -4

(B) -1

(C) 0

(D) 4

(E) 2

27. If $(2.3)^x = (3.2)^y$ then $\frac{x}{y} =$

(A) 0.716

(B) 1.396

(C) 2.312

(D) 3.221

(E) 3.698

28. The range of graph $-3\tan(x - \pi)$ is

(A) [-3 , 3]

(B) (-3, 0]

(C) [0, 3)

(D) [-∞, 0]

(E) (-∞, ∞)

92 | Page

SAT MATH LEVEL 2 Practice-Test

TEST 5

Time: 26mins

29. A pin code for an ATM has 4 digits, given that Patty is setting up a code for her ATM and she uses only even numbers for her pin except zero. How many pin code combinations are there?

(A) 16
(B) 64
(C) 256
(D) 625
(E) 1000

30. If the equilateral triangle has an area of $\frac{\sqrt{3}}{4}$ and is inscribe inside the circle then what is the area of this circle?

(A) $\frac{\pi}{3}$
(B) $\frac{\pi}{4}$
(C) $\frac{3\pi}{4}$
(D) $\frac{4\pi}{3}$
(E) π

31. The kinetic energy varies directly as the square of the speed, if a car was moving with the speed of 40 km/hr and it posses kinetic energy of "K" then in terms of "K" what will its kinetic energy be if its speed was 120 km/hr?

(A) 9K   (B) 4K
(C) 3K   (D) 0.25K
(E) 0.133K

32. Given that

$$f(x) = \begin{cases} \sqrt{-x}, & x < 0 \\ -x^2 + 4, & 0 < x < 2 \\ x - 2, & x > 2 \end{cases}$$

What is the range of f(x)?

(A) $0 < f(x) < \infty$
(B) $-\infty < f(x) \leq 0$
(C) $-\infty < f(x) < 0$ and $0 < f(x) < \infty$
(D) $-\infty < f(x) < 2$ and $2 \leq f(x) < \infty$
(E) All real numbers

33. The value of $|3i^2 - i + 4|$ is equal to

(A) $4\sqrt{2}$
(B) $3\sqrt{2}$
(C) $2\sqrt{2}$
(D) $\sqrt{2}$
(E) 4

SAT MATH LEVEL 2 Practice-Test

TEST 5

Time: 20mins

34. Which of the following statement must be true about the data set {3,5,x,7,9} ? Given that the mean is 7.

   I. The range of the data is 6

   II. The mode is 7

   III. The median is 7

(A) I only

(B) II only

(C) III only

(D) I and II only

(E) II and III only

35. The asymptotes of the hyperbola with equation $4x^2 - 25y^2 = 100$ equals to

(A) y = 6.25x and y = -6.25x

(B) y = 2.5x and y = -2.5x

(C) y = x and y = -x

(D) y = 0.4x and y = -0.4x

(E) y = 0.25x and y = -0.25x

36. What is the unit digit of 7^{777} ?

(A) 1

(B) 3

(C) 7

(D) 9

(E) 0

37. If $f(x) = \ln(\sin(x))$, $-2\pi < x < 0$, then $f^{-1}(0) =$

(A) $-\frac{\pi}{4}$

(B) $\frac{\pi}{2}$

(C) $-\pi$

(D) $-\frac{3\pi}{2}$

(E) $-\frac{3\pi}{4}$

38. If $a^{-3} = -216$ then a =

(A) $\frac{-1}{6}$

(B) $\frac{1}{6}$

(C) -6

(D) 6

(E) 36

39. The sum of first 30 multiple of 11 is how much greater than the sum of first 30 multiples of 5 ?

(A) 2325

(B) 2790

(C) 3225

(D) 4615

(E) 5115

TEST 5

Time: 12mins

40. If $f(x) = -3\sin(x)$, $g(x) = \arcsin(x)$ and $h(x) = |x|$ then $h(f(g(x))) =$

(A) $|-3x|$

(B) $|x|$

(C) $3x$

(D) $3\sin|x|$

(E) $\arcsin|3x|$

41. If $(\log_2 x)(\log_3 2) = 4$ then $x =$

(A) 2

(B) 9

(C) 16

(D) 36

(E) 81

42. The operation $x \$ y$ is defined by taking all the prime numbers between x and y then multiply them to obtain the result. What is the result of $12 \$ 23$?

(A) 221

(B) 323

(C) 2431

(D) 4199

(E) 4641

43. If $\csc\theta = \sqrt{2}$ then $\cot\theta =$

(A) 0.5

(B) $\frac{2}{3}$

(C) 1

(D) $\sqrt{3}$

(E) $\frac{\sqrt{2}}{\sqrt{3}}$

44. If $a^2 \cdot b^2 < 0$ then which of the following is true?

(A) a is real negative number

(B) b is real negative number

(C) a and b are real negative number

(D) a is an imaginary number

(E) a and b are imaginary numbers

45. A sphere with equation $x^2 + y^2 + z^2 = 64$ has point A at positive x-intercept, B at positive y-intercept and C at positive z-intercept. If a triangle ABC is drawn then what is the area of this triangle?

(A) $32\sqrt{3}$

(B) $64\sqrt{3}$

(C) $32\sqrt{2}$

(D) $64\sqrt{2}$

(E) $64\sqrt{6}$

SAT MATH LEVEL 2 Practice-Test

TEST 5

Time: 6mins

46. A rope of length 5 meter is pull at the angle of 30° to the ground up to second floor of a building. If the rope is pull up to the third floor of the building then how many degree is the increased in the angle? (Given that each floor has the same height)

(A) 12.3°

(B) 18.6°

(C) 26.5°

(D) 35.4°

(E) 48.6°

47. The graph of f(x) = |x| is translate up 5 units, reflected once on x-axis and translate to the right 4 units. Which of the following function represents the translations of f(x) ?

(A) $|x-4|+5$

(B) $|x+4|-5$

(C) $|x-4|+5$

(D) $-|x-4|-5$

(E) $-|x+4|-5$

48. If $(0.5x)! = (x-2)!$, then x =

(A) 10

(B) 9

(C) 8

(D) 6

(E) 4

49. The first term of a sequence is '3a', the second term is '-a' and term after that is product of the two previous term. What is the value of the seventh term?

(A) $243 a^{13}$

(B) $81 a^{13}$

(C) $-27 a^8$

(D) $27 a^8$

(E) $-81 a^8$

50. Let the graph of f(x) be a quadratic function. Find $f^{-1}(4)$

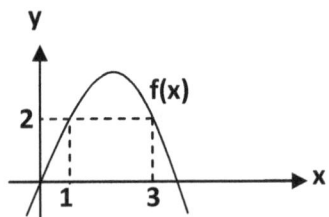

(A) 0

(B) 1

(C) 2

(D) 3

(E) undefined

END OF TEST 5

96 | Page

SAT MATH LEVEL 2 Practice-Test

TEST 5 - Answer Key

1. **C**

Method: **Solve**

$\sqrt{2x} = 12.2$ → square both side

$2x = 148.84$

$x = 74.42$

2. **B**

Method: **Simplify**

$\frac{1}{x} + \frac{2}{y} + \frac{3}{z} = \frac{yz + 2xz + 3xy}{xyz}$

3. **A**

Method: **Evaluate the function**

$f(x) = x^2 - 3x + a$,

$f(0) = a$

$f(-a) = (-a)^2 - 3(-a) + a = a^2 + 4a$

$f(-a) - f(0) = a^2 + 4a - a$

$f(-a) - f(0) = a^2 + 3a$

4. **D**

Method: **Graph out**

cuts the graph of

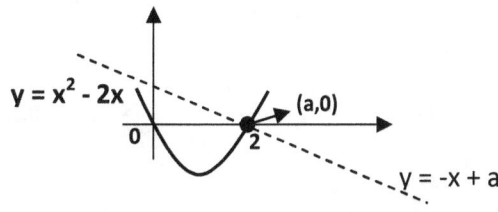

From the graph we can deduce that

(a, 0) is (2, 0)

therefore, **a = 2**

5. **D**

Method: **Graph out**

$y = \frac{\sqrt{x+3}}{x-3}$

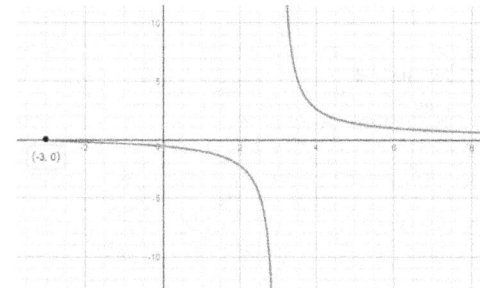

Domain : [-3,3) U (3, ∞)

6. **E**

Method: **Expand and simplify**

$(5i - 3)^2 - i = (5i)^2 - 2(5i)(3) + (3^2) - i$

$= -25 - 30i + 9 - i =$ **-16 - 31i**

7. **A**

Method: **Factor and Evaluate**

$\sin^4 x - \cos^4 x = (\sin^2 x - \cos^2 x)(\sin^2 x + \cos^2 x)$

$ = \quad (0.25) \quad (1)$

$ = \quad \underline{\mathbf{0.25}}$

8. **B**

Method: **Complete the square and Graph**

$f(x) = x^2 - 6x + 13$ → complete the square

$x^2 - 6x + 13 = (x - 3)^2 + 4$ → **vertex (3,4)**

Draw the graph of $y = (x - 3)^2 + 4$

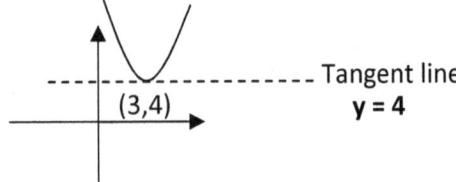

Tangent line
y = 4

9. **C**

Method: **Evaluate**

$\lim_{x \to \infty} (5^{-x})^x = \left(\dfrac{1}{5^\infty}\right)^\infty = (0)^\infty = \underline{\mathbf{0}}$

10. **E**

Method: **Simplify the drawing**

Draw out the right isosceles triangle

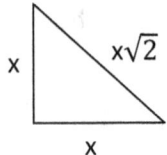

ratio → $x : x : x\sqrt{2}$
simplify → $1 : 1 : \sqrt{2}$

multiply by $\sqrt{2}$ → $\boldsymbol{\sqrt{2} : \sqrt{2} : 2}$

11. **C**

Method: **Solve by translation**

a represents **the amplitude**

d represents the **vertical shift**

We know from the graph that the amplitude a is equal to $(5 - (-3))/2 = 4$ → a = 4

but the maximum value of y is at 5 so we need to shift the whole graph up by 1 unit

Therefore, **d = +1**

12. **E**

Method: **Evaluate**

$\log_a 4 = 2$ → $a^2 = 4$ → a = 2

$\log_b 9 = 0.5$ → $b^{0.5} = 9$ → b = 81

a·b = 2(81) = **162**

13. **E**

Method: **Evaluate**

$$y = \frac{5x}{x^2 - 5x} \rightarrow y = \frac{5x}{x(x-5)}$$

denominator cannot be equal to zero

therefore, x·(x-5) ≠ 0

x ≠ 0 and x ≠ 5

14. **D**

Method: **Evaluate the graph**

If the graph was a quadratic it would have a minimum value at (2,-4) → $y = (x-2)^2 - 4$

The graph has x intercepts at 0 and 4

No part of the range of this graph has a negative value so it's an absolute value function

Therefore, **y = |(x-2)² - 4|**

15. **A**

Method: **Plug into the formula**

$U_1 = \sqrt{3}$

$U_4 = \sqrt{48} = 4\sqrt{3}$ ← $U_4 = U_1 + 3d \rightarrow d = \sqrt{3}$

$U_{10} = U_1 + (10-1)d = \sqrt{3} + 9\sqrt{3} = 10\sqrt{3}$

Using formula $S_n = \frac{n}{2}(U_1 + U_n)$

$S_{10} = \frac{10}{2}(U_1 + U_{10}) = 5(\sqrt{3} + 10\sqrt{3}) = \mathbf{55\sqrt{3}}$

16. **B**

Method: **Draw out and Evaluate**

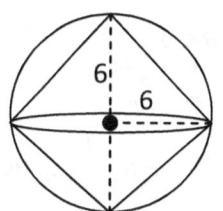

$V_{sphere} = \frac{4}{3}\pi(6^3) = 288\pi$

$V_{cones} = 2[\frac{1}{3} \times \pi \times (6^2)(6)] = 144\pi$

%unoccupied $= \frac{V_{unoccupied}}{V_{sphere}} \times 100\%$

$= \frac{288\pi - 144\pi}{288\pi} \times 100\% = \mathbf{50\%}$

17. **B**

Method: **Factor by completing the square**

$(x^2 - 6x) + (y^2 + 6y) = -2$

$(x^2 - 6x + 3^2) + (y^2 + 6y + 3^2) = -2 + 3^2 + 3^2$

$(x-3)^2 + (y+3)^2 = 16$

$(x-h)^2 + (y-k)^2 = r^2$

$r^2 = 16 \rightarrow \underline{\mathbf{r = 4}}$

18. **B**

Method: **Plug-in choices**

I. AB exist if c = v → FALSE

C should equal to u

II. BA exist if v = r → TRUE

III. If A + B exist then AB is possible → FALSE

If A has a dimension of 2 x 3 and B is a dimension of 2 x 3 as well then AB is not possible

19. **A**

Method: **Evaluate**

Square numbers sum are 4 and 9

4 → {1,3}, {3,1}, {2,2} ← **3 possibilities**

9 → {3,6},{6,3},{4,5},{5,4},{7,2},{2,7}← **6 possibilities**

P(sum of square number) = $\frac{3+6}{7\times 7}$ = $\frac{9}{49}$

20. **D**

Method: **Solve**

triple means M = 3P

$M = P(1.1)^{0.5t}$

$3P = P(1.1)^{0.5t}$

$3 = (1.1)^{0.5t}$

$\ln(3) = \ln(1.1)^{0.5t}$

$0.5t = \frac{\ln(3)}{\ln(1.1)}$

t = **23 years**

21. **D**

Method: **Plug into the formula**

distance from the origin to point (3, -3, 3)

distance = $\sqrt{(3-0)^2 + (-3-0)^2 + (3-0)^2}$

distance = $\sqrt{27}$ = **3√3**

22. **E**

Method: **Plug into the formula**

(x, y) → (R, θ)

coordinate (4,3) can be written in polar form as ($\sqrt{4^2 + 3^2}$, $\tan^{-1}(3/4)$)

= **(5, 39°)**

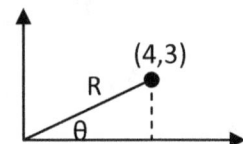

23. **E**

Method: **Plug into the formula**

First drop	= 2 m	
Second drop	= 2(3/4)	= 1.5 m
Third drop	= 1.5(3/4)	= 1.125 m

⋮

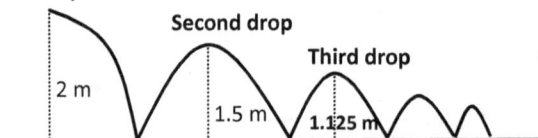

These are geometric sequences (with r = 3/4)

Falling sequence = 2, 1.5, 1.125, ….

Bouncing sequence = 1.5, 1.125, ….

Total distance = Sum of falling + Sum of Bouncing
to infinity term   to infinity term

= $\frac{2}{1-3/4}$ + $\frac{1.5}{1-3/4}$ = 8 + 6 = **14 m**

100 | P a g e

SAT MATH LEVEL 2 PRACTICE-TEST

24. B

Method: **Simplify**

make x the subject → $t = \sqrt[4]{x}$

$$x = t^4$$

Express y in terms of t

$$y = \ln(\sqrt{x})$$

$y = \ln(\sqrt{t^4})$ → $y = \ln(t^2)$

$$f(t) = 2\ln(t)$$

$f^{-1}(0) = ??$ → if y = 0 then t = ??

$0 = 2\ln(t)$ → $t = e^0$ → **t = 1**

25. A

Method: **Solve**

$|x - 5| \leq 12$

case 1: $x - 5 \leq 12$ → $x \leq 17$

case 2: $x - 5 \geq -12$ → $x \geq -7$

$\boxed{-7 \leq x \leq 17}$

$|2y| \leq 18$

case 1: $2y \leq 18$ → $y \leq 9$

case 2: $2y \geq -18$ → $y \geq -9$

$\boxed{-9 \leq y \leq 9}$

Therefore,

$-9(17) \leq xy \leq 9(17)$

$-153 \leq xy \leq 153$

26. E

Method: **Evaluate**

$(x^2 + 4)$ → the roots are 2i and -2i

plug **x = 2i** into $x^3 - (ax)^2 + 4x - 16$ using remainder theorem

R(2i) = 0

$0 = (2i)^3 - (a2i)^2 + 4(2i) - 16$

$16 = -8i + 4a^2 + 8i$ → **a = 2**

27. B

Method: **Evaluate**

$$(2.3)^x = (3.2)^y$$

$$\ln(2.3)^x = \ln(3.2)^y$$

$$x \cdot \ln(2.3) = y \cdot \ln(3.2)$$

$$\frac{x}{y} = \frac{\ln(3.2)}{\ln(2.3)}$$

$$\frac{x}{y} = 1.39$$

28. E

Method: **Draw out graph**

y = -3tan(x - π)

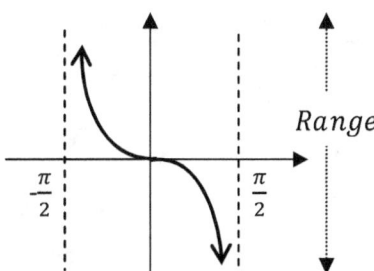

Range: (-∞, ∞)

29. **C**

Method: **Create box of possibilities**

digits possible are {2, 4, 6, 8} only 4 possibilities

digits: 1st   2nd   3rd   4th

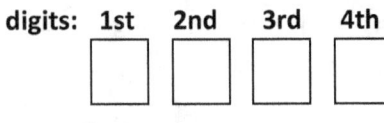

        4 x 4 x 4 x 4

total possibilities = 4^4 = 256

30. **A**

Method: **Draw out and Evaluate**

Area of triangle = $\frac{1}{2}$·x·x· sin 60°

$\frac{\sqrt{3}}{4}$ = $\frac{1}{2}$ · x^2 · $\frac{\sqrt{3}}{2}$

x = 1

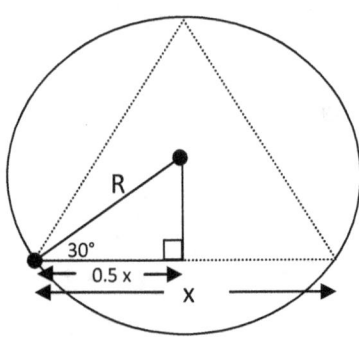

cos 30 = $\frac{0.5x}{R}$

R = $\frac{0.5(1)}{\cos 30}$

R = $\frac{1}{\sqrt{3}}$

Area of circle = $\pi \left(\frac{1}{\sqrt{3}}\right)^2$ = $\frac{\pi}{3}$

31. **A**

Method: **Evaluate**

Let A be a constant that link energy and speed

energy is directly proportional to speed → **energy = A·Speed^2**

energy = A·Speed^2 → A = $\frac{energy}{speed^2}$

Energy	Speed^2	A (constant)
K	40^2	$\frac{K}{40^2}$
??	120^2	$\frac{K}{40^2}$

energy = A·Speed^2

?? = $\frac{K}{40^2}$ · 120^2

?? = 9K

32. **A**

Method: **Graph**

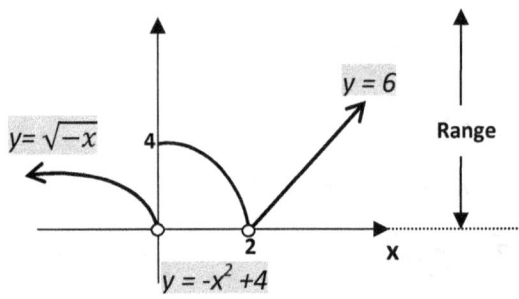

Range: 0 < f(x) < ∞

33. **D**

Method: **Simplify and Plug into the formula**

| $3i^2$ - i + 4 | = | -3 - i + 4 | = | 1 - i |

| 1 - i | = $\sqrt{1^2 + (-1)^2}$ = **$\sqrt{2}$**

34. **C**

Method: **Solve**

$\frac{(3+5+x+7+9)}{5} = 7 \rightarrow x = 35 - 24 \rightarrow x = 11$

I. The range of the data is 6 → FALSE

   Range = 11 - 3 = 8

II. The mode is 7 → FALSE

III. The median is 7 → TRUE

Rearrange the numbers {3,5,7,9,11}

   median = 7

---

35. **D**

Method: **Plug into the formula**

$4x^2 - 25y^2 = 100$

$\frac{x^2}{25} - \frac{y^2}{4} = 1 \rightarrow \frac{x^2}{a^2} - \frac{y^2}{b^2} = 1$

equation of asymptotes → $y = \frac{\pm b}{a} x$

y = 0.4x and y = -0.4x

36. **C**

Method: **Evaluate**

$7^1, 7^2, 7^3, 7^4, 7^5, 7^6, 7^7, 7^8, \ldots$

= 7, 49, 343, 2401, 16807, 117649, ...

units digits → 7, 9, 3, 1 | 7, 9, 3, 1 …. The pattern repeats every 4 times

7^{777} → power 777 ÷ 4 = $194\frac{1}{4}$ → remainder of 1

Remainder of 1 means the position will be on the first term which is 7.

37. **D**

Method: **Simplify**

$f^{-1}(0) = ??$ → if y = 0 then x = ??

y = ln(sin(x))

0 = ln(sin(x))

e^0 = sin(x)

sin(x) = 1

$x = \frac{\pi}{2}$ → since intervals are -2π < x < 0

So the value of x would be $x = -\frac{3\pi}{2}$

38. **A**

Method: **Solve**

$a^{-3} = -216 \rightarrow \frac{1}{a^3} = -216 \rightarrow \frac{1}{-216} = a^3$

$a = \sqrt[3]{\frac{1}{-216}} \rightarrow a = \frac{-1}{6}$

39. **B**

Method: **Solve**

---
sum of first 30 multiple of 11

11, 22, ………. ,(11x30) = 330

$\sum_{i=1}^{30} 11i = \frac{30}{2}(11 + 330) = 5115$

---
sum of first 30 multiples of 5

5, 10, ………. ,(5 x 30) = 150

$\sum_{i=1}^{30} 5i = \frac{30}{2}(5 + 150) = 2325$

Differences = 5115 - 2325 = 2790

40. **A**

Method: **Simplify**

h(f(g(x))) = h(f(arcsinx))

= h(-3sin(arcsinx)) = h(-3x)

= |-3x|

41. **E**

Method: **Evaluate using formula**

$(\log_2 x)(\log_3 2) = 4$

$\dfrac{\ln(x)}{\ln(2)} \cdot \dfrac{\ln(2)}{\ln(3)} = 4$

$\dfrac{\ln(x)}{\ln(3)} = 4$

$\log_3 x = 4$

$3^4 = x$

x = 81

42. **D**

Method: **Solve**

12 $ 23 = 13 x 17 x 19 = **4199**

43. **D**

Method: **Draw out triangle and Simplify**

$\csc \theta = \dfrac{\sqrt{2}}{1} = \dfrac{hyp}{opp}$; $\cot \theta = \dfrac{adj}{opp} = 1$

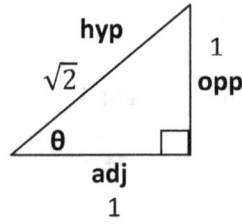

44. **D**

Method: **Solve by evaluating**

$a^2 \cdot b^2 < 0$

one of the square must be negative numbers

Case 1: Let a^2 be a negative number then b^2 must be a positive number

$a^2 = -1$ and $b^2 = 1$ → $a^2 \cdot b^2 < 0$

(-1) (1) < 0

- 1 < 0 **TRUE**

Case 2: Let b^2 be a negative number then a^2 must be a positive number

$a^2 = 1$ and $b^2 = -1$ → $a^2 \cdot b^2 < 0$

(1) (- 1) < 0

- 1 < 0 **TRUE**

Therefore, one of the square must be a negative number.

$a^2 = -1$ → $a = \sqrt{-1} = i$

Both of the squares cannot be a negative number only one of them can be. So one of them is an imaginary number.

45. **A**

Method: **Evaluate**

The graph cross

x-axis at (8, 0, 0)

y-axis at (0, 8, 0)

z-axis at (0, 0, 8)

Each side of the triangle drawn will have the same length of $\sqrt{8^2 + 8^2}$ = $8\sqrt{2}$

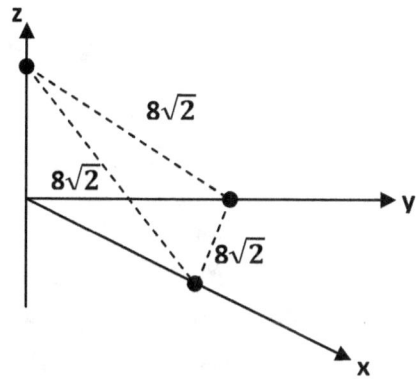

Since we get an equilateral triangle we can find its area using $\frac{1}{2}$ a·b·sinC

Area = $\frac{1}{2}$·$8\sqrt{2}$·$8\sqrt{2}$·sin60

Area = $32\sqrt{3}$

46. **B**

Method: **Draw the triangle**

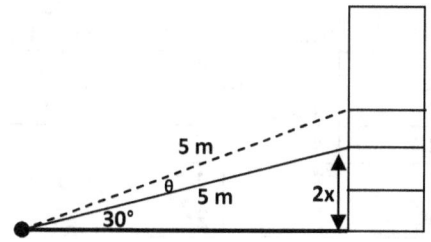

Let the height of each floor be equal to x

sin 30 = $\frac{2x}{5}$ → x = $\frac{5}{4}$ = 1.25 m

now we know each floor is 1.25 meter high

For third floor the angle will be

sin (30 + θ) = $\frac{3x}{5}$

sin (30 + θ) = $\frac{3 \times 1.25}{5}$

30 + θ = 48.6

θ = **18.6°**

47. **D**

Method: **Translate with graph algebraically**

f(x) = |x| → translate up 5 units   → |x| + 5

|x| + 5   → reflected on x-axis   → -|x| - 5

-|x| - 5   → translate 4 units right → **-|x - 4| - 5**

48. **E**

Method: **Plug in the choice**

	x	0.5x	x - 2	Equal
A	10	5	8	NO
B	9	4.5	7	NO
C	8	4	6	NO
D	6	3	4	NO
E	4	2	2	YES

49. **A**

Method: Evaluate

$3a, -a, \ldots$

$3^{rd} \rightarrow 3a(-a) = -3a^2$

$4^{th} \rightarrow -3a^2(-a) = 3a^3$

$5^{th} \rightarrow 3a^3(-3a^2) = -9a^5$

$6^{th} \rightarrow -9a^5(3a^3) = -27a^8$

$7^{th} \rightarrow -27a^8(-9a^5) = 243a^{13}$

50. **C**

Method: **Plug into the formula**

From the x-intercept $\rightarrow f(x) = a \cdot x(x-4)$

The graph is open downward so $a = -1$

$f(x) = -x(x-4) \rightarrow f^{-1}(4)$ means at $y = 4$, $x = ??$

$4 = -x(x-4) \rightarrow 4 = -x^2 + 4x \rightarrow x^2 - 4x + 4 = 0$

using quadratic formula to solve we get

$x = 2$

Score Range

Raw Score	Conversion
47 - 50	800
42 - 46	750 - 790
38 - 41	720 - 740
34 - 37	690 - 710
30 - 33	650 - 680
26 - 29	590 - 640
23 - 27	540 - 580
18 - 22	510 - 530
13 - 17	450 - 500
7 - 11	400 - 440

Raw Score = Correct Answers - 0.25 Wrong Answers

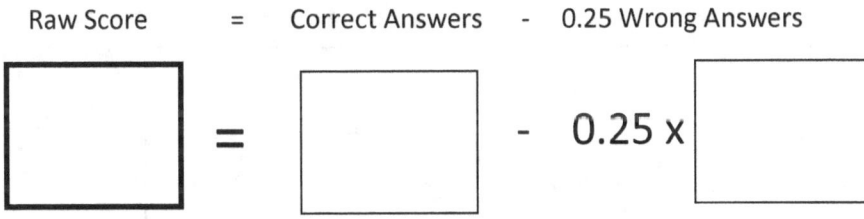

Arithmetic

Mean = $\frac{X1+X2+X3+...+Xn}{n}$, Median = middle number value , Mode = occur most

Variance = $\frac{\Sigma(X-\mu)^2}{N}$, Standard deviation = $\sqrt{Variance}$

Percent Change = $\frac{(New-Original)\times 100\%}{Original}$

Simple Interest = $\frac{(Principal \times Rate \times Time)}{100}$

Compound Interest: Total money earned = $principal\left(1 + \frac{rate}{100}\right)^{time}$

Probability: Probability of an event = $\frac{number\ of\ favorable\ outcomes}{number\ of\ possible\ outcomes}$

Geometry (2D)

Area of triangle = $\frac{1}{2} \times Base \times Height$

Area of square = $Side^2$

Area of rectangle = Length x Width

Area of parallelogram = Base x Height

Area of trapezium = $\frac{1}{2} \times (Base1 + Base2) \times Height$

Sum of Interior Angle = (n-2)x180

where "n" the number of sides or angles

Geometry (3D)

Volume of Cube = edge^3

Volume of Rectangular solid = length x width x height

Volume of Square pyramid = $\frac{1}{3}$ x (base edge)^2 x height

Volume of Cylinder = π x radius^2 x height

Volume of Cone = $\frac{1}{3}$ x π x radius^2 x height

Algebra

Linear Equation:

$$y = mx + c$$

"c" is a y-intercept, where the graph crosses y-axis

"m" is a gradient or slope

$$\text{Slope} = \frac{\Delta Y}{\Delta X} = \frac{y_2 - y_1}{x_2 - x_1}$$

Quadratic Equation:

$(x + y)^2 = x^2 + 2xy + y^2$

$(x - y)^2 = x^2 - 2xy + y^2$

$(x + y)(x - y) = x^2 - y^2$

$$ax^2 + bx + c = 0$$

Quadratic formula: $\quad x = \dfrac{-b \pm \sqrt{b^2 - 4ac}}{2a}$

Coordinate Geometry

Equation of parabola: x-axis   y-axis

$$y = a(x-h)^2 + k \qquad\qquad x = a(y-k)^2 + h$$

Axis of Symmetry: $x = h$ $y = k$

Vertex: (h, k) (h, k)

Focus: $(h, k + \frac{1}{4a})$ $(h + \frac{1}{4a}, k)$

Directrix: $y = k - \frac{1}{4a}$ $x = h - \frac{1}{4a}$

Equation of circle:

$$(x-h)^2 + (y-k)^2 = R^2$$

Center of the circle at **(h,k)**

Radius equals to **R**

Equation of ellipse:

x-axis   y-axis

$$\frac{(x-h)^2}{a^2} + \frac{(y-k)^2}{b^2} = 1 \qquad\qquad \frac{(x-h)^2}{b^2} + \frac{(y-k)^2}{a^2} = 1 \qquad \text{For, } a > b$$

Center: (h, k) (h, k)

Semi-Major axis: a a

Semi-Minor axis: b b

Equation of hyperbola:

x-axis   y-axis

$$\frac{(x-h)^2}{a^2} - \frac{(y-k)^2}{b^2} = 1 \qquad\qquad -\frac{(x-h)^2}{b^2} + \frac{(y-k)^2}{a^2} = 1$$

Center: (h, k) (h, k) **For, $c^2 = a^2 + b^2$**

Focus: $(h \pm c, k)$ $(h, k \pm c)$

Vertex: $(h \pm a, k)$ $(h, k \pm a)$

Asymptotes: $y - k = \pm \frac{b}{a}(x - h)$ $y - k = \pm \frac{a}{b}(x - h)$